翱翔在天空中的鸟类

★ ★ ★ ★ ★

刘 艳◎编著

在未知领域 我们努力探索
在已知领域 我们重新发现

延边大学出版社

图书在版编目（CIP）数据

翱翔在天空中的鸟类 / 刘艳编著 .—延吉：

延边大学出版社，2012.4（2021.1 重印）

ISBN 978-7-5634-3964-5

Ⅰ . ①翱… Ⅱ . ①刘… Ⅲ . ①鸟类—青年读物
②鸟类—少年读物 Ⅳ . ① Q959.7–49

中国版本图书馆 CIP 数据核字 (2012) 第 051716 号

翱翔在天空中的鸟类

- -

编　　　著：刘　艳

责 任 编 辑：林景浩

封 面 设 计：映象视觉

出 版 发 行：延边大学出版社

社　　　址：吉林省延吉市公园路 977 号　　邮编：133002

网　　　址：http://www.ydcbs.com　　E–mail：ydcbs@ydcbs.com

电　　　话：0433–2732435　　传真：0433–2732434

发行部电话：0433–2732442　　传真：0433–2733056

印　　　刷：唐山新苑印务有限公司

开　　　本：16K　690×960 毫米

印　　　张：10 印张

字　　　数：120 千字

版　　　次：2012 年 4 月第 1 版

印　　　次：2021 年 1 月第 3 次印刷

书　　　号：ISBN 978-7-5634-3964-5

- -

定　　　价：29.80 元

　　鸟是所有脊椎动物中外形最美丽，声音最悦耳，深受人们喜爱的一
种动物。鸟在体积、形状、颜色以及生活习性等方面，都存在着很大的
差异。大多数鸟类是杂食的，对于食物它们并不太挑拣。每年春天和秋
天，鸟类都成群结队、遮天蔽日地在天空中飞行，这种在不同季节要更
换栖息地区，或者是从营巢地移至越冬地，又或者是从越冬地返回营巢
地的季节性现象称为鸟类迁徙。每年大地回春，鸟类就开始进行求爱、
生殖、营巢、孵卵和育雏等一连串的活动。鸟类飞行力强，速度快，活
动范围大，而且鸟类的迁徙性、繁殖季节的领域性及繁殖季节后的集群
性使得鸟类群落结构十分复杂，种类和数量均有很大的波动。

　　近年来，国内外有关鸟类捕食作用的定量研究及有关鸟类捕食作用
特点的研究，尤其是食虫鸟在森林生态系统中的地位和作用，都有所

进展。

森林是鸟类的重要生活场所，鸟类和害虫都是森林生态系统的成员，在长期进化和自然选择中形成复杂的捕食者——猎物系统，鸟类是猎物系统的重要成分。鸟类的随机捕食性可在生态系统中发挥功能上的控制作用，对许多森林昆虫的种群动态起重要影响。此外，有些鸟类还担负着种子及营养物的输送，参与系统内能量流动和无机物质循环，维持生态系统的稳定性。很多鸟类都已经濒危，比如朱鹮、秋沙鸭等等，需要我们用心地去保护它们。

猛禽是啮齿动物的天敌，常以森林、草原、农田中的鼠类为食。一些鸦科鸟类和伯劳也能捕食鼠类，它们与其他天敌一道，共同抑制鼠类数量。在结构完整的森林环境中，天敌可抑制和延缓鼠类数量急剧增加，而且还可使数量增加的鼠群分布密度降低。许多小型猛禽也主食昆虫，因而在控制鼠害和虫害、清除动物的尸体和降低动物流行病的传播等方面，都有重要作用。猛禽分布于多种生态环境内，特别是飞行生活的习性使它们能追捕移动的蝗虫、鼠类等机动性动物并将其捕获。

当前，鸟类的生存空间不断缩小、栖息环境持续恶化、种群数量迅速下降，部分鸟类已濒临灭绝，野生鸟类资源保护工作面临的形势很严峻。由于毁林开荒、湿地减少等原因，造成鸟类大量减少甚至灭迹。

本文将呼吁青少年学生共同爱护鸟类，但负起在青少年学生当中掀起爱鸟、护鸟的热潮一项重要任务。鸟儿的歌声是大自然最动听的声音，让这声音永远回荡在我们耳边。

鸟类是生态系统的重要成员，虽然可能对生产力没有重大影响。鸟儿们的团结和一些优点都值得我们去效仿学习。本书不仅介绍了游禽鸟类、涉禽鸟类、猛禽鸟类及攀禽鸟类的形象特征和生活习性，还赋予一些童话色彩，让读者感受其中趣味。

目 录

第❶章

空中的"凌波仙子"

第❷章

会飞的"湿地之神"

第❸章

翱翔的"空中健将"

第❹章
飞跃的"攀援冠军"

空中的「凌波仙子」

第一章

KONGZHONGDE LINGBOXIANZI

　　游禽是在各种类群的水域活动，并且善于飞翔的鸟类。不同种类的游禽鸟类活动的范围也不同，游禽鸟类主要包括天鹅、大雁、海鸥、鸬鹚、秋沙鸭等。它们有着不同的特征和习性，在整个生物圈占据着不同的生态地位。

美丽的天鹅

Mei Li De Tian E

天鹅是鸟类的一种，它属于鸟纲、雁形目。天鹅主要种类有：大天鹅、小天鹅、疣鼻天鹅和黑天鹅等。天鹅主要分布在北欧、亚洲北部，主要繁殖于北方湖泊的苇地。

◎天鹅的特征

天鹅的体形比较大，嘴红，上髯部到鼻孔部为黄色，黄色延长到上喙侧呈尖状。头颈很长，约占体长的一半，在游泳时通常把脖子伸直，两翅贴伏。由于天鹅优雅的体态，一直以来都被当作是美丽、纯真与善良的化身。

天鹅形态非常优美，在水中时往往是一副很庄重的神态，而在飞翔的时候，它的长颈则是往前伸的，并且还缓缓扇动着翅膀。天鹅迁飞时在空中排成"V"字队形前进，不管在空中或水中，天鹅的速度都非常快。天鹅在觅食的时候总是把头伸进水里，它的食物主要是以水生植物为主。

◎天鹅的生活习性

雌雄天鹅是很相似的，它们都从气管里发出不一样的声音。天鹅的求偶方式是很特别的，它们主要是用喙相碰或以头相靠来表示求偶。天鹅始终保持着"终身伴侣制"，如果其中一只死亡，另一只会孤单的度过余生。在繁殖过程中是由雌天鹅孵卵，平均每窝大概会产6枚苍白色的没有斑纹的卵。幼雏出壳几个小时之后就能跑而且还能游泳，但仍需得到"双亲"精心的照料。雌天鹅在产卵时，雄天鹅在旁边守卫着。

天鹅的寿命在 20～25 年左右，另外，天鹅在飞行高度方面是冠军，它的最高度可达 9000 米，能轻松飞越珠穆朗玛峰的顶端。

天鹅是一种冬候鸟，喜欢成群栖息于湖泊、沼泽地带。每年 3～4

※ 红嘴天鹅

月期间，就会成群从南方飞往北方，在我国北部边疆省份生殖繁衍。另外，在天山脚下有一片幽静的湖泊叫做天鹅湖，每年夏秋两个季节里，就会有大量的天鹅在碧绿的水面漫游，仿佛蓝天上飘着的片片白云，其景观非常美丽。

◎关于天鹅的故事

一位老奶奶给孙子讲的故事："从前啊，有一个猎人住在一个山脚下，小伙子二十刚出头，长得玉树临风、英俊潇洒，特别是他那浓眉下的一双大眼，十分有神。小伙子的爸爸死的早，他从小和母亲相依为命，以砍柴打猎捕鱼为生。他的母亲常劝儿子：要专心砍柴，不要再打猎了，要善待这个世上的万物生灵，不要任意伤及无辜的生命。可猎人总是不以为然。"

"有一天，猎人又瞒着母亲，到一座深山里去打猎。这深山里道路崎岖、乱石纵横、树木高大、杂草很深，由于很少有人进去，山林里面生活着很多的野兔、野鸭、山鸡之类的，各种动物非常繁多。"

"有狼吗？"苦娃抬起头，看着奶奶满脸的皱纹，问道。

"有，当然有，那里不仅有狼，还有野猪和豹子。猎人当然是不怕的，因为他手里拿着钢叉，腰上悬着宝剑，另外，猎人还带着一副祖传的硬弓，猎人的力量很大，可以把箭头射进坚硬的石头里，更不用说野兽了。

"猎人穿过一片树林，淌过两条小溪，又翻过几道山岗，来到一片宽阔的山谷中。这里的山石直上直下的，层次很分明，裸露的山石中间，长满了刺楞楞的灌木和一些杂草，草丛里有时还会长出几朵不知名的野花，风儿轻轻地吹，白云悠悠地飘着，天深蓝深蓝的，就像是大海一样。

"猎人走过一片草丛，忽然，蹿出一只棕灰色的野兔，一跃而起，然后拼命地左弯右拐，向前方逃去。猎人取出箭，搭在弓弦上，对准那野兔，将弓拉满，一松手，把箭放了出去。"

"射中了吗?"苦娃忍不住问。

"你听我慢慢往下讲，"奶奶说："箭是射出去了，可是并没有射中，那野兔钻进草丛，不见了。猎人四下里找啊找，不知不觉，来到一个湖边，这是一片大湖，波光粼粼的，湖边长了许多芦苇，芦叶在随风飘动，湖面非常平静，就像一面大镜子，一阵小风吹过，泛出细微的波纹。

"猎人立在湖边，猛然听到高空传来一串清脆的鸟鸣，'咯呀，咯呀'，猎人抬头一看，湖中心的正上空，有一个白色的小点，正慢慢地移动。看得出来，那是一只白天鹅，时而飞在湖面上，时而闪现在云层里，时而从高空向下俯冲，时而贴着水面盘旋飞翔，一身雪白，由远而近，又由近而远。猎人知道，白天鹅是一种群居的鸟类，一般不单独飞行，可是，今天却不知道为什么，这只白天鹅会这里独自飞翔。

"猎人手挽着弓，目光紧盯着白天鹅，过了一会儿，那白天鹅从猎人的头顶飞过，猎人果断地将箭搭在弦上，对准白天鹅，拉满弓，'嗖'地将箭射了出去。由于白天鹅没有一点儿防备，应声中箭，立刻就像一只断了线的风筝，拍打了几下翅膀，就一头栽倒湖中，两只翅膀在水中不停地扑腾，荡起了几层细碎的浪花。

"猎人连忙把弓箭丢到地上，脱去外衣跳入水中，不一会儿，猎人把天鹅托在手中，游上了上岸。猎人仔细看了一下，那只箭正好射穿了天鹅的一只翅膀，而且牢牢地插在翅膀上。猎人看到那白天鹅，长长的脖子，红红的脚，亮晶晶的眼睛，一身雪白的羽毛，样子甚是可爱。猎人这时想起了母亲的教导，顿时对这只洁白的鸟儿起了怜悯之心。于是，他小心地将箭头从鸟翅上拔了出来，血流出来了，鲜红鲜红的，染红了天鹅洁白的羽毛，痛得天鹅身子直颤抖。

"猎人有些后悔了，后悔自己的残忍与鲁莽，猎人心想：我为什么不把天鹅放了，还它以自由的蓝天呢。于是，猎人把天鹅举过头顶，轻轻地松开手，白天鹅扑棱了两下翅膀，又重重地栽在草地上，它翅膀受了重伤，已经不能再飞了。猎人又赶紧把白天鹅抱在怀里，白天鹅顿了顿脖子，发出凄凉的叫声，同时猎人发现了天鹅的眼边，噙着几滴珍珠般的泪花。

"猎人想把白天鹅留在湖边，又担心它会被饥饿的野兽叼走，白白丢了性命，最后，只好把白天鹅带回了家。

"猎人把天鹅交给母亲，又腾出一间柴房，打扫干净，作为天鹅养伤的地方，然后又带天鹅去了一趟镇上，请大夫将天鹅的伤口包扎好。平日里，猎人又经常去河边捞些小鱼小虾，用清水养在瓦盆中，专供天鹅食用。那白天鹅似乎很通人性，吃饱之后，常常会昂起头，挺起胸，掂着脚跟很兴奋地拍打双翅，发出'咯、咯、咯'的叫声，特别悦耳动听，就好像是在对猎人表示谢意。"

"后来呢？"苦娃问。

"大约过了二十多天，白天鹅的伤口长好了，一双明亮的黑眼珠更加好看了，浑身的羽毛也泛出美丽的光泽，走路时也神采飞扬。猎人决定把天鹅放飞，以了切自己的一桩心事，没想到，这时，却发生了一件出乎意料的事。"

"什么事，是不是白天鹅偷偷地飞走了？"

"不，不是，白天鹅并没有飞走，它只是不见了。

"猎人走进白天鹅居住的小柴房，里面静悄悄的，根本找不到白天鹅的影子，然而却有一位美丽的姑娘，个子高挑，面如桃花，一双大眼如同秋水，长袖飘飘，外罩洁白的纱衣，裙摆翩翩，腰系金丝带，妩媚动人。姑娘含着笑，微微欠身，向猎人施礼，感谢猎人的救命之恩，这一切几乎把猎人弄糊涂了。

"姑娘告诉猎人，她就是那只他要找的白天鹅，她本是天国王府里的仙女，因为私自逃离天宫，来到人间，才变成了一只白天鹅。

"后来，仙女和猎人结成了一对恩爱的夫妻，他们一同上山打柴，一起在田间种菜种粮，再也不去打猎了，一家人和和美美地过着快乐而

翱翔在天空中的鸟类

朴素的生活。"

奶奶停了一会儿，用手帕擦了一下眼角晶莹的泪花，说："孩子，奶奶给你讲这个故事，是想告诉你一个道理，这世间的万物都是有灵性的，千万不能随意地伤害，你明白吗？"

"我明白了，奶奶，我再也不捉弄院子里的小鸟了。"

"不光对小鸟，对万物生灵，都要有善心。"

> **知识链接**
>
> 古人不仅把天鹅比喻成神奇的歌手，他们还认为，在一切有所感触的生物中，只有天鹅会在弥留时歌唱，用和谐的声音作为它最后叹息的前奏。据说，天鹅发出这样柔和、动人的声调，是在它将要断气的时候，它是要对生命做出哀痛而深情的告别。天鹅如这种声调，如怨如诉，低沉地、悲伤地、凄黯地构成为自己演奏的丧歌。

◎大天鹅

大天鹅全身的羽毛都是雪白的颜色，它与疣鼻天鹅的体形差不多，但也有明显的不一样。大天鹅有着黄色和黑色的嘴，只有头部和嘴的基部略显棕黄色，嘴的端部与脚都为黑色，虹膜为褐色。大天鹅的身体肥胖而丰满，脖子的长度是鸟类中占体形长度比例最大的，甚至超过了身体的长

※ 大天鹅

度。大天鹅的腿部比较短，脚上有黑色的蹼，游泳前进时，腿和脚就会折在一起，从而减少阻力；向后推水时，脚上的蹼就会全部张开，形成一个酷似船桨的表面，交替划水，就像在平地上行走一样的稳当。并且它还通常把尾部的尾脂腺分泌的油脂涂抹在羽毛，以用来防水。

大天鹅主要栖息于开阔并且水生植物繁茂的浅水水域，除繁殖期外通常成群生活，昼夜均有活动，性机警、胆怯，善游泳。大天鹅主要以水生植物的根茎、叶、茎、种子为食，并且有时还以水栖昆虫、贝类、鱼类、蛙、蚯蚓、软体动物、谷粒和杂草等为食。大天鹅的喙部有丰富的触觉感受器，主要生长在上、下嘴尖端的里面，仅在上嘴边缘每平方毫米就有27个，比人类手指上的还要多。大天鹅就是靠嘴缘灵敏的触觉在水中寻觅水菊、莎草等水生植物。大天鹅一般营巢在大的湖泊、水塘以及小岛等水域岸边干燥地上或水边浅水处大量堆集的干芦苇上。它的巢极其庞大，主要由干芦苇、三棱草和苔藓构成，内放以细软的干草茎、苔藓、羽毛和雌鸟从自己胸部和腹部拔下的绒羽。

　　大天鹅保持着一种稀有的"终身伴侣制"。在南方越冬时，不管是取食或休息都成双成对。雌天鹅在产卵时，雄天鹅在旁边守卫着，遇到敌害时，它拍打翅膀上前迎敌，勇敢地与对方搏斗。它们不仅在繁殖期彼此互相帮助，平时也是成双成对，如果其中的一只死亡，另一只会为之"守节"，终生单独的生活。

◎小天鹅

　　小天鹅体形略小些，体羽洁白，头部稍带棕黄色。虽然说它的颈部和嘴比大天鹅略短，但二者还是很难分辩。大小天鹅之间最大的区分在于它们嘴基部的黄色的大小范围是不一样的，大天鹅嘴基的黄色延至鼻孔以下，而小天鹅嘴基的黄色仅在嘴基的两侧。小天鹅的头顶至枕

※ 小天鹅

部常略沾有棕黄色，虹膜为棕色，嘴端为黑色，脚也为黑色。然而，它的鸣声十分清脆。它主要生活在多芦苇湖泊、水库和池塘中。小天鹅主要以水生植物的根茎和种子等为食，也食少量水生昆虫和小鱼等。

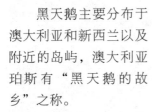

翱翔在天空中的鸟类

◎疣鼻天鹅和黑天鹅

头部带有棕黄色的疣鼻天鹅的别名为哑天鹅，在它的前额有黑色疣突，嘴赤红色、脚深灰色。它们常常生活在水草繁茂的河湾以及开阔的湖面，主要以水生植物和水生小动物为食。它们在繁殖期间喜欢把巢筑在潮湿地点，用草、茎、还有叶子搭成平台的形状。疣鼻天鹅主要在新疆、青海、甘肃、内蒙古等地区繁殖，在长江中下游越冬。

※ 疣鼻天鹅

黑天鹅主要分布于澳大利亚和新西兰以及附近的岛屿，澳大利亚珀斯有"黑天鹅的故乡"之称。

黑天鹅全身的羽毛是卷曲着的，呈黑灰色或黑褐色，腹部为灰白色。而它的嘴为红色或橘红色，靠近端有条白

※ 黑天鹅

色横斑，虹膜是红色或者白色，脚和蹼为黑色。黑天鹅主要在海岸、湖泊等水域处生活，它的食物范围也是这些水生植物和水生小动物，它喜欢结群成队的生活方式。

◎小天鹅的故事

一只天鹅妈妈为了锻炼自己的孩子，于是她从小就把孩子寄养给好友鸭大妈。

小天鹅长大了，却发现自己和其他的"兄弟"不同。他那么英俊，可是却没有人来赏识。他不爱在那些肮脏的河流里嬉戏，但却因此被鸭兄弟歧视，也曾被鸭妈妈教导："你不该这样，你应该和他们一样，你该和他们一同下水。"

很久以后，一个路人发现这有一只很特别的鸭子，体型有点大，羽毛虽然被篱笆弄得肮脏不已，但依稀可见些白色。但是，大家都以为那是一只吃了催肥饲料而变异的鸭子，因为它和鸭子的习性一模一样！后来，农场主发现了，为了隔绝病源。把小天鹅带到另一个地方，给它洗了个澡才发现是个天鹅。可它不会飞，不会昂首挺胸、婷婷而立，没有一点天鹅应该有的气质。并且小天鹅也觉得自己就是个鸭子，每天在篱笆的小沟里晒晒太阳，吃点小虫子就已经很满足了。

拓展思考

1. 天鹅为我国几级保护动物？
2. 你还知道关于天鹅的故事吗？

团结的大雁

Tuan Jie De Da Yan

大雁在世界上的分类主要有 9 种，而我国就占有 7 种，所以说中国是大雁的主要栖息国家。大雁又被称为野鹅，为大型候鸟，属于天鹅类。除了白额雁外，常见的还有鸿雁、豆雁、斑头雁和灰雁等。大雁的共同特点是体型较大，它们鼓励同伴的方法也是很特别的，它们能给同伴跳舞，也能用叫声鼓舞对方。

◎大雁的外形特征及习性

大雁的嘴是非常宽而且厚的，同时它的嘴甲也比较宽阔。但是大雁的颈部很短，翅膀又长又尖。它的身体的羽毛大多为褐色、灰色或白色。大雁额部没有肉质突起，尾部下方呈流线型向上。大雁主要以嫩叶、细根、种子为食，有时会啄食农田谷物。每年春分后飞回北

※ 大雁

方繁殖，秋后飞往南方过冬。雁群飞行时，有时排成"一"字，有时"人"字形。喜欢群居在水边的大雁，夜晚当然也会有属于它们自己的警卫，当遇到危险的时候，警卫就会鸣叫通知大家。

大雁的适应性是很强的，属于杂食性水禽，常栖息在水生植物丛生的水边或沼泽地，采食一些无毒、无特殊气味的野草、牧草、谷类及螺、虾等；有时也在湖泊中游荡，喜欢在水中交配。大雁的合群活动性很强，并且还喜欢争斗，春天的时候，一般 10～20 只一起活动，但是

到了冬天的时候就会有数百只一起觅食、栖息。大雁群居时，通过争斗确定等级序列，王子雁有优先采食、交配的权力。大雁求偶时，雄雁在水中围绕雌雁游泳，并上下不断摆头，边伸颈汲水假饮边游向雌雁。等到雌雁也作出同样的动作时，表示它已经同意交配，之后雄雁就转至雌雁后面，雌雁将身躯稍微下沉，雄雁就登至雌雁背上用嘴啄住雌雁颈部羽毛，振动双翅，进行交配。

大雁集肉、蛋、绒、药用于一身，它的肉味十分鲜美，因为大雁胸部和腿部肌肉发达，肉纤维比野鸭粗，烹调后味香肉嫩，富含人体所需的维生素和微量元素。大雁被列为我国二级保护动物。

◎关于大雁的故事

在一个茂密的森林中，有一条清可见底、碧得发亮的小溪。在小溪的旁边住着一个捉害虫的能手——青蛙和两只可爱的大雁。每天，它们都会在一起玩游戏，慢慢地，它们成了形影不离的好朋友。

转眼间，春去冬来，大雁要搬家了。但青蛙舍不得让大雁走，大雁也舍不得青蛙，它们真的是难舍难分！大雁情不自禁地对青蛙说："不然你就和我们一起搬家吧！"青蛙摇摇头，说："可是我不会飞啊！"大雁听了，说："那怎么办呢？"青蛙拍拍脑袋，灵机一动，对大雁说："我去拿一根又细又长的木棍，你们俩分别用嘴咬住木棍的两头，我咬木棍的中间。这样你们飞，我也能跟你们一起飞了！"说完，青蛙找了一根又长又细的木棍，大雁咬两头，青蛙咬中间。接着，两只大雁用尽九牛二虎之力扇动两只巨大的翅膀飞了起来。飞着飞着，它们飞过小猫的家。小猫看见了，惊叹不已，连声称赞说："大雁姐姐，你们真棒，还能让青蛙飞起来！"

它们飞过小鸭的屋顶。小鸭看见了，竖起大拇指夸奖："大雁姐姐，你们真行，能使青蛙成为飞天蛙啊！"

这时，它们飞过了一个无边无际的湖，一群洁白的天鹅看见了，异口同声地说："大雁姐姐，你们想的办法真好！"青蛙纳闷万分，心想：为什么办法是我想的，但动物们却说大雁聪明呢？它忍不住想说出来，可青蛙一张开口，话还没说出来，它已经从高高的天上掉下去了。幸亏掉进一个湖泊里，被一群善良的小鱼救了。

从此以后，青蛙再也不敢搬家了，永远生活在湖泊边。

翱翔在天空中的鸟类

　　大雁是出色的空中旅行家。每逢秋冬季节，它们就会从老家西伯利亚一带，成群结队、浩浩荡荡地飞到我国的南方过冬。第二年春天，它们经过长途旅行，回到西伯利亚产卵繁殖。大雁的飞行速度很快，每小时能飞 80 千米，几千千米的漫长旅途只需飞上 1~2 个月。

◎白额雁

　　白额雁被称为花斑、明斑，白额雁是大型雁类的一种，它的体长约70 厘米左右，体重为 2 千克以上。它的额部和上嘴的部位有一个白色的带斑，这是它被称为白额雁的原因。它的虹膜是褐色的，嘴为淡红色，脚为橄榄黄色。它的尾羽为黑褐色，具有白色的端斑。它的尾上覆羽白色，前端有一条细小的白斑，胸部以下逐渐变淡，腹部为污白色，杂有不规则的黑色斑块。它的两肋处是灰褐色，腿是橘黄色的。

　　白额雁属于侯鸟，一般在中国长江中下游、东南沿海和台湾过冬，迁徙期间分布于中国东北、内蒙古、华北、新疆等地。由于环境恶化和过度狩猎，白额雁的种群数量已急剧减少。

　　白额雁的迁徙主要是在晚上进行，白天它停息下来觅食和休息。

※ 白额雁

白额雁在繁殖季节栖息于北极苔原带富有矮小植物与灌丛的湖泊、水塘、河流、沼泽以及附近苔原等各类环境；冬季主要栖息在开阔的湖泊、水库、河湾、海岸、平原、草地沼泽和农田。

　　白额雁在迁徙的时候无论是飞行、休息还是觅食它们都是成群的，在迁飞的时候它们会一边叫一边飞，叫的声音很大。白额雁通常以单列的方式飞行，到达越冬地后，分成小群或家族群活动。

◎鸿雁

鸿雁的分布是非常广泛的，在国内它主要分布于我国东北、内蒙古、新疆、青海、河北、河南、山东及长江下游、台湾等地区；国外主要分布在西伯利亚等地区。

鸿雁的特征是非常明显的，它的背、肩部都是暗褐色的，羽毛的边缘是淡棕色的，而它的下背和腰部是黑褐色的，前颈下部和胸均呈淡肉红色，头顶及枕部为棕褐色，头侧为浅桂红色，它的须和喉都是白色的，但是它的后颈正中是咖啡褐色的。雄雁的上嘴基部有一瘤状

※ 鸿雁

突，它们喜欢生活在旷野、河川、沼泽和湖泊的沿岸。春天的时候，20～40 只集成小群，秋季的时候集群的数目较大。鸿雁在飞行时的特点是呈"V"字形。主食各种水生和陆生植物及藻类，也食少许软体动物的贝类。它们喜欢在北方建巢繁殖，巢的形状是皿状的，每次大约产卵蛋 5 枚左右，它的重量可以达到 125 克左右。孵化期为 30 天左右。雌鸟孵卵，雄鸟守候在巢的附近。

◎豆雁

豆雁是雁形目鸭科的一种，体长约 80 厘米，它的头、颈呈棕褐色，上体其余部分大多是灰褐色的，具白色羽端；喉、胸淡棕为褐色，腹部为白色，两肋长有灰褐色横斑，尾上覆羽、尾下覆羽和外侧尾羽端部纯白；嘴黑色，先端有橙色带斑。它们在冬季的时候喜欢结成几只或者是几十只的群体队伍，在沼泽和湖泊地带寻找食物。

豆雁属于中体型中最大的一种，飞行时双翼拍打用力，振翅频率较高；脖子较长；腿位于身体的中心支点，行走自如。豆雁有扁平的喙，

边缘呈锯齿形状，有助于过滤食物。豆雁有迁徙的习性，迁飞距离也较远。

豆雁繁殖季节的栖息生境因亚种不同而呈现出不同的变化。有的主要栖息于亚北极泰加林湖泊或亚平原森林河谷地区，有的栖息于开阔的北极苔原地带或苔原灌丛地带，还有的栖

※ 豆雁腾飞

息在很少植物生长的岩石苔原地带。迁徙期间和冬季，则主要栖息于开阔平原草地、沼泽、水库、江河、湖泊及沿海海岸以及附近农田地区。

豆雁主要以植物性食物为食。繁殖季节主要吃苔藓、地衣、植物嫩芽、嫩叶、包括芦苇和一些小灌木，也吃植物果实与种子以及少量的动物性食物；迁徙和越冬季节期间主要以谷物种子、豆类、麦苗、马铃薯、红薯、植物芽、叶和少量软体动物为食。豆雁多在陆地上觅食。通常会在栖息地附近的农田、草地和沼泽地上觅食，有时也会飞到较远处的觅食地。豆雁寻食大多数在早晨和下午的时候，中午多在湖中水面上或岸边沙滩上休息。豆雁性机警，不易接近，常在距人 500 米外就起飞。晚间夜宿时，常有一只到数几只雁做警卫，伸颈四处张望，一旦发现有情况，立即发出报警鸣叫声，雁群闻声立即起飞，边飞边鸣，不停地在栖息地上空盘旋，直到危险过去并且确定没有危险时才飞回原处。

豆雁一般在多湖泊的苔原沼泽地上或偏僻的泰加林附近的河岸与湖边营巢，也有在海边岸石上、河中或湖心岛屿上营巢的。巢多置于小丘、斜坡等较为干燥的地方，或者是在灌木中与灌木附近开阔地面上。营巢由雌雄亲鸟共同进行，它们先将选择好的地方稍微踩踏成凹坑，再用干草和其他干的植物打基础作底垫，里面再放些羽毛和雌鸟从自己身上拔下的绒羽。

豆雁通常每年 8 月末～9 月初离开繁殖地，到达中国的时间最早在 9 月末 10 月初，大多在 10 月中下旬，最晚 11 月初。豆雁通常白天休息，然而有时白天也进行迁徙，特别是天气变化的时候。迁徙时成群，

群体由几十只至百余只不等，在停息地常集成更大的群体，有时多达上千只。春季迁离中国的时间最早在 3 月初～3 月中旬，大多在 3 月末～4 月初，最晚在 4 月中旬～4 月末还有少数个体未离开我国。春季迁徙群明显比秋季的要小。

其种类主要分布于欧亚大陆及非洲北部，包括整个欧洲、北回归线以北的非洲地区、阿拉伯半岛以及喜马拉雅山等以北的亚洲地区。

◎斑头雁

斑头雁身体的羽毛大部分是银灰色的，它的体长约 80 厘米，它的头部呈白色，在头顶和枕部都有两条黑斑。它的嘴、脚呈黄色，两性相似。白天在水田、湖泊、沼泽草地等地活动，夜间在麦地等旱作地和草地上过夜，主要以禾木科和莎草科植物的叶、茎、青草以及豆科植物种子等植物性食物为食。在国内的主要繁殖地点是新疆、西藏、青海、宁夏、甘肃、内蒙古、呼伦池和克鲁伦河一带，越冬的时候往往在我国长江流域以南的广大地区。

斑头雁是我国青藏高原地区比较常见的夏季候鸟，种群数量较大，特别是青海湖鸟

※ 斑头雁

※ 斑头雁和它的孩子

岛，斑头雁较为集中，种群数量也较大。近年来，由于狩猎、偷、捡鸟蛋等不法行为，使斑头雁的种群数量明显减少。

◎灰雁

有黄嘴灰雁之称的灰雁，它的头顶和后颈都是褐色；嘴基有一条窄的白纹，繁殖期间呈锈黄色，有时白纹不明显；背和两肩呈灰褐色，具棕白色羽缘；它的腰的两边是白色的；它的胸部和腹部是污白色的，而且还有不规则的暗褐色斑，从胸向腹部逐渐增多；两胁呈淡灰褐色，羽端灰白色，尾下覆羽白色；虹膜褐色，嘴肉色。

灰雁主要分布于欧亚大陆及非洲北部，包括整个欧洲、北回归线以北的非洲地区，阿拉伯半岛以及喜马拉雅山等亚洲地区。

灰雁栖息在不同环境的淡水水域中，常见出入于富有芦苇和水草的湖泊、水库、河口、水淹平原、湿草原、沼泽和草地。它们主要是以各种水生和陆生植物的叶、根和种子等为食物，有时也吃螺、虾、昆虫等动物，迁徙期间和冬季，亦吃散落的农作物种子和幼苗。

※ 灰雁

◎关于大雁飞行的故事

大雁能排成这样整齐的大队飞行，这是很奇怪的事。大雁以前飞行的时候本来不是排队，它们白天忙了一天都很疲劳，到了晚上就栖在芦苇上休息，但总是轮班守夜。白天大雁飞得高，打雁人瞄不准，所以他们总是在夜间守候。

有一群大雁，它们中间的老雁领了一家子飞了一天，到夜里就栖在河边的草丛里。睡觉前安排好守夜的雁。老雁还是不放心，就嘱咐守雁说："今晚轮到你守夜，一直到天亮，可千万不能打瞌睡，要静心听着，仔细看看，一旦有动静就快点拍翅膀高叫，提醒大伙好赶快飞走。"

守夜的雁不耐烦地说："爷爷，您就放心地去睡吧！"

"知道是知道，你年轻没经历过这受伤害的事，要多加小心呀。"

"我会小心，还怎么着？真啰嗦。"

老雁再也没说什么，跟大家一起去睡觉了。

这时正值秋末冬初时，夜时不光冷，偏偏又阴了天，风一刮竟飘起雪花来。守夜的雁守到半夜，又累又困又冷，它看着睡得正香的雁群，自言自语地说："我怎么这么倒霉，轮到我守夜偏偏碰到这么个天气，天也快亮了，应该没有事了吧？我已经守了半夜了，不如趁这时候暖暖地睡一觉。"

守夜的雁也困极了，就偎在草丛里睡着了。

打雁的人也有个算计：守夜的雁快到天亮时最困，遇到坏天气，雁必定不加小心。打雁的人就带着火枪来了。他们来到了河边，把火枪架到高处，对准雁群，"轰————"一阵烟火冒起，这群雁只飞走了一只，其余的全部被打死了。

飞走的正是这只老雁，老雁睡觉时总是惦记着全家，它睡得不踏实，听见动静就醒了，可来不及叫醒大家，火枪已经响了。

老雁飞走以后，就把这个故事告诉了所有的雁：只因一只雁不小心，全家都被人打死了。

大雁们知道后，不光是每回守夜更加小心，还怕后代把这痛心的事忘了，就想出了这么一个法子——起飞时排成"一"字或"人"字形。

读了这个故事，我们都应该知道什么是责任。人生活在社会上，有许多事情你必须去做，但你不一定全都喜欢，这就是责任的含义。更重要的一点是，人类为了个人利益而猎杀了无数只大雁，且又因气候的变异栖息地减少等的原因，导致现在大雁数量越来越少。

拓展思考

1. 大雁飞行时为什么会排成"一"字或"人"字形？
2. 大雁的经济价值有哪些？为什么大雁会越来越少？

翱翔在天空中的鸟类

捕鱼能手—— 鹈鹕

Bu Yu Neng Shou —— Ti Hu

鹈鹕是一种大型的游禽，属于鹈形目鹈鹕科，又名塘鹅。在世界上共有 8 种，大多分布在欧洲、亚洲、非洲等地。鹈鹕的种类较少，在全世界的 8 种鹈鹕中，北美洲的白鹈鹕和褐鹈鹕是较典型的品种。我国的鹈鹕共有 2 种，分别为：斑嘴鹈鹕和白鹈鹕。

◎鹈鹕的特征与生活习性

鹈鹕的嘴长 30 多厘米，大皮囊是下嘴壳与皮肤相连接而形成的，可以自由伸缩，是它们存储食物的地方。它的身长 150 厘米左右，全身长有着密而短的羽毛，羽毛为桃红色或浅灰褐色。尾羽根部有个黄色的油脂腺，能够分泌大量的油脂，涂于身体局部可防止水打湿体羽。

※ 飞翔的鹈鹕

鹈鹕在野外常成群生活，每天除了游泳外，大部分时间都是在岸上晒晒太阳或者耐心的梳洗羽毛。鹈鹕的目光锐利，即使它们在高空飞翔时，漫游在水中的鱼儿也难逃过它们的眼睛。从水面起飞的时候，它先在水面快速的扇动翅膀，双脚在水中不断划水，在巨大的推力作用下，鹈鹕逐渐加速，慢慢达到起飞的速度，然后就会脱离水面缓缓地飞上天空。有时因吃太多身体的沉重而不能顺利起飞，就只能浮在水面上休息。

在我国，斑嘴鹈鹕主要分布于青海、新疆、河南，以及分布于长江流域及其以南地区。斑嘴鹈鹕，鸟如其名，在它的嘴上布满了蓝色的斑点，头上覆盖着粉红色的羽冠，上身为灰褐色，下身为白色。然而白鹈鹕主要分布在我国新疆、福建一带，通体为雪白色。它们都是我国的二级保护动物。

◎鹈鹕的故事

鹈鹕的家在一片茂密的芦苇丛中。

一天早晨，鹈鹕妈妈带着小鹈鹕去湖边觅食。这还是小鹈鹕第一次来到湖边呢，它对周围的一切都充满了好奇。无论是看到空中飞着的鸟儿，还是水中游着的鱼儿，小鹈鹕都要问一问它们叫什么名字，吃什么东西，从哪里来，到哪里去。

鹈鹕妈妈耐心地给小鹈鹕讲解着，从妈妈的讲解中，小鹈鹕知道了鸟儿是靠翅膀飞到空中的，鱼儿是靠腮呼吸的。

"妈妈，我什么时候才能飞到空中去呢？"当看到一只鹈鹕在空中盘旋时，小鹈鹕羡慕地问。

鹈鹕妈妈说："好好吃饭，等你的羽毛丰满了，就可以飞到空中去了。"

"我最喜欢吃鱼了！"小鹈鹕很高兴，撒腿就往水中跑。"慢着！"鹈鹕妈妈拦住小鹈鹕说："这样下水可不行，会把羽毛弄湿的。"

小鹈鹕很不情愿地停了下来。

"来，像妈妈这样做！"鹈鹕妈妈边说边扭头向后，用长长的尖嘴在短小的尾后面摩擦了几下，然后又转动着脖子开始用尖嘴梳理起羽毛来。

小鹈鹕不解地看着妈妈。

鹈鹕妈妈说："在我们尾羽的后面有个黄色的油脂腺，能分泌大量油脂，我们在身上涂抹这种油脂，既能使羽毛变得光滑柔软，游泳时还滴水不沾。"

"哦，原来是这样！"小鹈鹕也学着妈妈的做法梳理起羽毛来。

鹈鹕妈妈则仰头向四周观望着，警觉地注视着周围的动静。

在涂抹完油脂后，小鹈鹕开始试探着走进水中捕捉鱼儿，可是，捉来捉去只能捉到一些小鱼儿，那些大一点的鱼儿不等它靠近就逃走了。

"妈妈，怎么才能捉到大鱼呢？"小鹈鹕有些着急地问。鹈鹕妈妈说："一个人的能力是有限的，要想捉到大鱼，就要靠集体的力量！"说完，鹈鹕妈妈仰天大叫起来。

听到鹈鹕妈妈的叫声，就有七八只从不同方向飞来的鹈鹕，落到了它们身边。

小鹈鹕看到，妈妈在和其他鹈鹕聚在一起，开了一个短暂的会议以后，便展翅飞向高空，其他鹈鹕则在湖中四散开来。

它们要用什么办法捕鱼呢？小鹈鹕好奇地观察着即将发生的事情。

向水面看去，散开在水中的鹈鹕在围成个扇形后，又开始向浅水区包抄，随着扇形的逐渐变小，无数条大鱼急躁地在水中腾跃；向空中望去，妈妈在大约飞到 15 米的高空后，又像炮弹一样直射进水中。

"啊！"小鹈鹕惊讶得合不拢嘴。

眨眼间，妈妈便返回了水面。来到小鹈鹕身边后，鹈鹕妈妈把一条一尺多长的鱼儿，放到了小鹈鹕面前。

其他鹈鹕则驱赶着鱼群向着岸边靠拢，随着包围圈越来越小，那些无处可逃的鱼儿，也都成了鹈鹕们口中的美餐。

这是些什么鸟儿呢？就在鹈鹕们尽情地享受鲜鱼宴时，一只小黑熊正躲在芦苇丛中好奇地关注着鹈鹕们。

它目不转睛地盯着这些体形硕大的白色鸟儿们。它们就是妈妈说起过的白天鹅吗？小黑熊猜想着，可当它看到这种鸟儿那长而粗的嘴下有一个黄色的大皮囊时，便否定了自己的猜想。因为它想起了妈妈说过，白天鹅的脖子是很长的。

好奇怪啊，长这个大皮囊做什么用呢？好奇心促使着小黑熊走出芦苇丛，向鹈鹕身边走来。

当小黑熊来到鹈鹕身边，嗅到鲜鱼的气味时，那种被好奇心暂时压抑住的饥饿感又开始涌动，它迫不及待地走进水中想捕捉几条鱼来充饥。

因为熊类并不是鹈鹕的天敌，所以鹈鹕们并不需要躲避黑熊，它们在吃饱喝足后，便来到岸边晒起了太阳。

小鹈鹕发现了小黑熊的捕食并不顺利，因为没过多久它便回到了岸上。

"你没捉到鱼儿吗?"小鹈鹕来到小黑熊身边关心地问。

"一条小鱼也没捉到!"小黑熊有气无力地回答。

"你怎么了,是生病了吗?"

"没有,我好几天没有找到东西吃了!"

"你妈妈呢,你妈妈没教你怎么捕食吗?"

"没有!"小黑熊说:"在我还很小的时候,妈妈就掉进陷阱里,被人带走了!"

"好可怜的小黑熊!"小鹈鹕说:"你自己是很难捉到鱼儿的,你留下来,跟着我们一块捉鱼儿吧!"

"哦,原来你们是鹈鹕啊!我刚才想了半天也没想出你们叫什么名字!"说到这里,小黑熊担心地问:"你们愿意要我吗?"

"怎么会不愿意要你呢,你又不伤害我们!"

"那你教我捉鱼好吗?"

"好啊!"小鹈鹕笑着说,"不过,你要先拜我为师!"

"老师好!"小黑熊赶忙立起身来,两只前爪下垂,低下头去,深深地向小鹈鹕鞠了一躬。

"哈哈,你还当真呢!"小鹈鹕说:"跟你闹着玩的,以后我们就是朋友了!"

鹈鹕妈妈看到小鹈鹕在跟一只小黑熊说话,便来到它们身边询问情况。

小鹈鹕把小黑熊的遭遇告诉了妈妈。

鹈鹕妈妈赶忙把储存在皮囊里的一条尚没有来得及下咽的鱼儿吐了出来,送给小黑熊吃。看着小黑熊吃下鱼儿后,鹈鹕妈妈便又招呼鹈鹕们开始新一轮的捕鱼行动。

※ 鹈鹕

行动开始了,小鹈鹕指点着小黑熊,小黑熊学着鹈鹕们的做法,加入到包抄鱼儿的队伍中。

白鹈鹕春季3~4月、秋季9~10月在越冬地和繁殖地之间迁徙，其种群数量较为稀少，在1990年和1992年国际水禽研究局组织的亚洲隆冬水鸟调查中，我国境内连1只都未记录到，然而1992年在亚洲其他地区共记录到5666只。

◎斑嘴鹈鹕

斑嘴鹈鹕为大型涉禽。体长150厘米左右，体重约10千克左右。嘴长而宽大，有蓝黑色斑点，上喙尖端为钩状，下喙具有发达的暗紫色皮肤质的喉囊；斑嘴鹈鹕的颈部较长，毛羽为白色，枕部具有粉红色羽冠，后颈部有一条粉红色翎羽。身体的背羽为灰褐色，初级

※ 斑嘴鹈鹕

和次级飞羽以及大覆羽为黑褐色，腹羽为白色，胸部羽为矛状。尾部比较短，主要为银灰色。后肢短，生于腹部靠后，趾间有全蹼。

鹈鹕经常4~5只成群互相合作，排成半圆形或整齐的横队，共同用两翼扇风拍水，把游鱼赶往湖边浅滩，再用大汤匙般的巨嘴大口大口的掏水兜捞鱼儿，然后闭口收缩皮囊，挤出嘴里的余水，将鱼吞下。如果一次吃不完，还可以把剩余的鱼暂时存放在口底的皮囊内，以备不时之需。

斑嘴鹈鹕栖息于有荫的沿海地区、河边、湖泊以及大型河流。通常成群活动，善于游泳，常在岛屿地面上筑巢。其双翼展开较大，飞翔能力强，速度也快。游泳时双翅紧贴在背上。经常在海滩上捕食鱼类和贝类，先把捕到的食物储存在嘴下的喉囊中，然后徐徐吞下。主要吃一些鱼类，也吃甲壳或者两栖类动物以及一些小型鸟类。斑嘴鹈鹕通常会在浅滩捕捉寻觅食物，有时也会从空中直接冲进水中捕食鱼类。

斑嘴鹈鹕经常结群筑巢于高大的树上，雌雄共同建造，巢属于浅皿

形，主要用树枝、枯草、水草筑就而成，巢内没有铺垫。每窝产卵 3～4 枚，卵为暗白色或者淡绿色，雌雄共同孵化，33 天左右便可孵出幼雏。雏鸟长大后，随父母在秋天时飞往南方过冬。

◎白鹈鹕

白鹈鹕的体长为 160 厘米左右，体形粗短而肥胖，颈部细长。与卷羽鹈鹕不同的是嘴虽然也是长而粗直，但呈铅蓝色，嘴下有着橙黄色的皮囊，黑色的眼睛在粉黄色的脸上极为醒目，脚为肉红色。它的尾羽有 24 枚，比卷羽鹈鹕多出 2 枚。它全

※ 白鹈鹕

身的羽毛都是雪白的颜色，稍微点缀着一些橙色，头的后部有一束长而狭的悬垂式冠羽，胸部有一束淡黄色的羽毛，翼下的飞羽为黑色，与白色的翼下覆羽形成了明显的对照。

白鹈鹕主要栖息于湖泊、江河、沿海和沼泽地带。喜欢成群结伴生活，善于飞行以及游泳，在地面上也能很好地行走。飞行时头部会向后缩，颈部弯曲靠在背部，脚向后伸，两翅鼓动缓慢并且有力，也能同鹰一样在空中利用上升的热气流来回翱翔以及滑翔，但是一般情况下没有鹰飞得高。在水中游泳时，颈常弯成一个"S"形，并不时地发出粗哑的叫声。白鹈鹕主要以鱼类为食，觅食时从高空直扎入水中。繁殖期为 4～6 月，有时结成大群一起在湖中小岛、湖边芦苇浅滩，以及河流岸边与沼泽地等处营巢。通常将巢筑于芦苇丛中的浅水处或者湖边的泥地上，也有的筑在树上。巢的结构较为庞大，主要由树枝、枯草和水生植物等构成。

白鹈鹕曾经是中国西北地区的常见鸟类，但近年来由于生态环境的恶化等多种原因，导致野外数量已经十分稀少。

翱翔在天空中的鸟类

◎卷羽鹈鹕

卷羽鹈鹕体长170厘米左右，嘴为铅灰色并且长而粗，上下嘴缘的后半段全为黄色，前端有一个黄色爪状弯钩。下颌有一个橘黄色或淡黄色大型皮囊。身体羽毛主要为银白色，并有灰色。头上的冠羽呈卷曲状。面部与眼周围裸出的皮肤都为乳黄色或肉色。颈部较长，

※ 卷羽鹈鹕

翅膀宽大，腿较短，脚为蓝灰色，四趾之间都有蹼。

卷羽鹈鹕通常栖息于湖泊、江河、沿海等区域，喜群居和游泳，但是不会潜水，善于在陆地上行走。颈部通常弯曲成"S"形而缩在肩部。卷羽鹈鹕以鱼类、甲壳类、软体动物、两栖动物等为食。它们会迁徙一段短距离，在飞行时的姿态非常优美，将颈昂起与鹭极像，并且整群的一同飞行。

卷羽鹈鹕在我国主要分布于新疆、青海及山东以南沿海等地；在世界主要分布于欧洲东南部、非洲北部和亚洲东部一带。我国国内的北方有时可以见到卷羽鹈鹕，冬季则会迁到南方，少量的一小部分会定期在香港过冬。

◎鹈鹕与仙鹤的故事

一天，仙鹤请鹈鹕吃茶点。

"您真是太好了！"鹈鹕对仙鹤说："到哪儿也不会有人请我吃饭。"

"我是非常高兴请您的。您的茶里要放糖吗？"仙鹤递上一缸糖给鹈鹕。

"谢谢"，鹈鹕边说边把半缸糖倒进了杯子，另一半都撒在了地上。

"我几乎没有朋友！"鹈鹕又说。

第一章 空中的「凌波仙子」

KONGZHONGDE「LINGBOXIANZI」

"您茶里要放牛奶吗?"仙鹤问道。

"谢谢",鹈鹕说着又倒了一半牛奶在杯子里,其余的部分全泼在桌子上了,把桌子搞得一塌糊涂。

"我等啊等啊,没有一个人来请我。"鹈鹕又接着说。

"您还要小甜饼吗?"仙鹤又问道。

"谢谢。"鹈鹕说着拿起小甜饼就往嘴里填,饼的碎屑撒了一地。

"我希望下次您再请我来。"鹈鹕又说。

"或许我会再次请您的,不过这几天我太忙了。"仙鹤说。

"那么下次见。"鹈鹕说着又吞了几个小甜饼,然后用餐巾擦了擦嘴走了。鹈鹕走了以后,仙鹤又是摇头又是叹气。它无奈地打扫这狼藉的餐桌。

可见,当一个人失去一切朋友的时候,就该在自己身上找找原因了。

| 拓展思考 |

1. 看了上面的小故事你有什么感想?

2. 你还知道哪些种类的鹈鹕?

翱翔在天空中的鸟类

海上"预报员"海鸥

Hai Shang "Yu Bao Yuan" Hai Ou

海鸥是鸥的俗称,是人类最熟悉的海鸟。它在北半球繁殖的种类最多,从温带至北极地区约有 30 种,主要有黑头鸥、笑鸥、大黑背鸥、银鸥、太平洋鸥、罗斯氏鸥等。

◎海鸥的特征及生活习性

海鸥是一种中等体型的鸟类,它的腿以及无斑环的细嘴为绿黄色,尾巴为白色,初级飞羽的羽尖为白色。它对各种环境都有着非凡的适应能力,体粗壮,脚具蹼。冬季头和颈部分散有褐色细纹。海鸥身姿健美,惹人注目,它身体下部的羽毛就像雪一样晶莹洁白,海鸥是候鸟,分布于欧洲、亚洲到阿拉斯加以及北美洲西部。海鸥结群繁殖于淡水地区。夏天,海鸥飞到繁殖场

※ 海鸥

地,有时在草地的杂草里或灌木丛里,它们用枯草、树枝、羽毛、海草等筑起皿形巢。有的地方鸟巢聚集相当密,两个巢之间相距 1～2 米远。各亲鸟都划定自己的"势力范围",不准其他鸟入侵,因此与"邻居"间之难免要经常争吵。海鸥以海滨昆虫、软体动物、甲壳类以及耕地里的蠕虫和蛴螬为食,也捕食岸边的小鱼,有时还拾取岸边及船上丢弃的剩饭残羹。

海鸥迁徙时在中国东北各省都能看到。海鸥经常在整个沿海地区包括海南岛及台湾越冬,也见于华东及华南地区的大部分内陆湖泊及河流。

▶ 知识链接

　　海鸥是海上航行安全的"预报员"。乘舰船在海上航行，常会因不熟悉水域环境而触礁、搁浅，或者会因天气突然变化而发生海难事故。富有经验的海员都知道：海鸥常着落在浅滩、岩石或暗礁周围，群飞鸣噪，这对航海者无疑是发出提防撞礁的信号；同时它还有沿港口出入飞行的习性，每当航行迷途或大雾弥漫之际，观察海鸥飞行方向，也可以作为寻找港口的依据。

◎黑头鸥

　　黑头鸥头部为暗色，腿为深红色，在亚欧与冰岛一带繁殖，从南部到印度和菲律宾过冬。它通常在田野里觅食，主要食物多数为昆虫。

　　北美洲的小黑头鸥的头和喙呈黑色，翁呈灰色，腿粉红至红色。黑头鸥是在树上营巢，捕食水塘的昆虫，冬季依然可以跳入海中捕鱼。

※ 黑头鸥

　　黑头鸥在北美洲，喜欢吃一些植物性的食物以及甲壳类动物和其他的小动物。黑头鸥的巢建造在地面上。一大群黑头鸥的巢通常聚集在一起，形成了一片巢区。据说在早期曾拯救了盐湖城区居民的庄稼，因此成为此地区的益鸟。

　　黑头鸥通常聚集在一起筑巢，巢与巢之间相隔只有100～300厘米。雏鸥刚出壳，娇嫩幼小无防卫能力，易被吞食。黑头鸥会等着它的邻居转过身去，或许趁它去捉鱼时，便扑上前去将它邻居的雏鸥一口囫囵吞下去。这样，它吃了一顿营养丰富的饭，就不必再费神去捉鱼了；也不需要离开它的巢。

◎笑鸥

　　笑鸥属于中等体型的鸟，头为黑色、喙和脚为红色，是鸥类中最小的鸥。时常会发出刺耳的似笑一般的鸣声，一般在缅因州到南美北部繁殖，向南到巴西过冬。笑鸥虽是海滨种，但常深入内陆淡水区。

笑鸥是在加勒比海并且也是在北大西洋繁殖的唯一鸥类。笑鸥春夏在北美洲的东北部、东部和南部以及南美洲北部的海滨繁殖生息，秋冬季节会向南迁移。

※ 笑鸥

◎北极鸥

北极鸥的体长约为 71 厘米，北极鸥的翼为白色、腿粉红、嘴黄，外形看似相当健猛。北极鸥的背及两翼为浅灰色，比中国任何其他鸥的色彩都浅许多。成鸟头顶、颈背以及颈侧具有褐色的纵纹。

北极鸥通常喜欢成群而栖。沿海岸线寻找食物，并且还在垃圾堆里找食。北极鸥习惯于白昼生活，每当南极黑夜降临的时候，便飞往遥远的北极，因为北极与南极相反，而北极正是白昼，每年 6 月在北极地区"生儿育女"，到了 8 月便带着儿女飞到南方，12 月到达南极附近，逗留到次年的 3 月份，每年飞行 4 万多千米。

北极鸥分布在北极地带以及地圈附近。繁殖于亚北极的北部，在繁殖区以南地区过冬，其地区分别是：佛罗里达、加利福尼亚、法国、中国以及日本。北极鸥为常见冬候鸟。中国东北各地，河北、山东、江苏以及广东都有过记录，香港不定期地有第一冬鸟的记录。北极鸥常成小群或者成对活动在苔原湖泊、海岸岩石以及沿海上空。北极鸥的飞翔能力很强，也善于游泳，在陆地上行走也比较快。北极鸥主要以鱼、生水昆虫、甲壳类和软体动物等为食物，也吃雏鸟、鸟卵。繁殖期常在苔原陆地上捕食鼠类等充饥。

北极鸥的繁殖期在 5～8 月，幼鸟 3 岁时性成熟，通常成对繁殖。北极鸥一般营巢于临近海岸、河流与湖泊岸边以及苔原地上。巢多置于靠近水边的悬崖上或平地上，雌雄亲鸟共同参与营巢。每窝产卵 2～3 枚。卵的颜色为橄榄褐色，被有暗色斑点。

◎北极燕鸥

北极燕鸥属于体型中等的鸟类，它的羽毛主要为灰和白色，北极燕鸥喙和两脚为红色，前额为白色，头顶和颈背都为黑色，腮帮子为白色；肩羽带有棕色，上面的翼背为灰色，带白色羽缘，颈部为纯白色，尾部为灰色，其特点是头顶有块"黑罩"。北极燕鸥在北极地区筑巢，繁殖后会向南极海域迁移。北极燕鸥还是长寿的鸟。

北极燕鸥是体态轻盈的海鸟，让人觉得它似乎能被一阵狂风吹走一样，然而它们却能进行长距离飞行。当北半球是夏季的时候，北极燕鸥在北极圈内繁衍后代。它们低低地掠过海浪，从海中捕捉小鱼和甲壳纲这类有硬壳的动物为食。

当冬季来临时，沿岸的水结了冰，燕鸥便出发开始长途迁徙。它们向南飞行，越过赤道，绕地球半周，最后来到了冰天雪地的南极洲，在这儿享受南半球的夏季。直到南半球的冬季来临，它们才再次北飞，回到北极。

它们主要的食物是鱼和水生的无脊椎动物。北极燕鸥的物种数量非常多，约为 100 万个个体。北极燕鸥可以称是鸟中之王。它们在北极繁殖，但却要到南极去过冬，每年在两极之间往返一次，行程数万千米。人类虽然是万物之灵，已经造出了非常现代化的飞机，但要在两极之间往返一次，也并不是那么简单的事，因此燕鸥那种不怕艰险追求温暖的精神和勇气非常值得人们学习。由于北极燕鸥总是在两极的夏天中度日，而两极的夏天太阳总是不会落下去，所以它们也是地球上唯一永远生活在光明中的一种生物。

在繁殖季节开始时，雄燕鸥挥动着轻快的翅膀在鸟巢的聚集地上空盘旋，向配偶展示自身的健壮。每个尖叫着的鸟嘴嘴里都会衔有一条刚捕捉到的鱼，希望以此吸引尚未进行交配的雌鸟的注意力。雄燕鸥在吸引到雌燕鸥的注意前，是不会轻易丢掉来之不易的礼物的，一旦它把礼物献给了钟情于它的雌鸟，它们在以后的大部分时间都一起生活在繁殖地。

◎粉红燕鸥

粉红燕鸥是一种产于世界各地的燕鸥。在繁殖季节，它们的胸呈粉红色；成年以后，尾巴深叉，头顶呈黑色，翅膀呈珍珠色，脚呈红色。

粉红燕鸥为中等体型、头顶黑色的燕鸥。白色的尾长并且深叉。夏季成鸟头顶黑色，翼上及背部浅灰，下体白，胸部淡粉。冬羽前额白色，头顶具杂斑，粉色消失。初级飞羽外侧羽近黑。幼鸟的嘴和腿为黑色，头顶、颈背和耳覆羽为灰褐色，背比普通燕鸥的褐色深，尾白色并且没有延长。虹膜为褐色；嘴为黑色，繁殖期嘴基为红色；脚在繁殖期偏红色，其余均为黑色。

粉红燕鸥一般栖息于珊瑚岩和花岗岩岛屿及沙滩，经常会与其他燕鸥混群。粉红燕鸥飞行时的姿态优雅，俯冲入水捕食鱼类。粉红燕鸥有时也会吃一些昆虫，然而它们的食物中还包括甲壳类动物以及小鱼。所以人们常看见它们从空中俯冲入水，捕捉鱼类。粉红燕鸥成群结队的在海岛上筑窝，一般一窝产 2～3 个蛋，有些种类只产 1 个。世界各地都有收集燕鸥蛋供人们消费的习惯。

◎大黑背鸥

大黑背鸥生活在大西洋的北部地区，它是东南亚也是世界上最大的海鸥之一，只有北极鸥与其体型相当，体长最长可达 79 厘米，翼展可达 2 米左右。它长着有力的黄色的喙、白色的头部和身躯，黑色的背部和翅膀。大黑背鸥主要是以海滨昆虫、软体动物、甲壳类以

※ 大黑背鸥

及耕地里的蠕虫和蛴螬为食；偶尔也捕食岸边的小鱼，拾取岸边及船上丢弃的剩饭残羹。大黑背鸥还会食用一些动物的残骸，它们是效率很高的掠食者，并且能杀死野兔那样的动物，抓住小海鸟、小鸭吞下，大黑背鸥经常独自或成对觅食。大黑背鸥春夏在美国的东北部海滨繁殖生息。秋冬季节的时期它们迁移到美国南方的大西洋岸避寒，通常在多岩石的海岸筑巢，每次繁殖时，能产下 3 枚卵。

◎银鸥

银鸥又名黄腿鸥、鱼鹰子和叼鱼狼等，全长约 60 厘米。体型厚重，

头部较为平坦。夏季时，头、颈和下体的毛羽为纯白色，背与翼上为银灰色，腰、尾上覆羽纯白色，初级飞羽末端呈黑褐色，有白色斑点。嘴黄色，下嘴尖端有红色斑点。冬季时银鸥的头和颈的毛羽有褐色细纵纹。

※ 银鸥

银鸥一般栖息于港湾、岛屿、岩礁以及近海沿岸，喜欢群居。银鸥像其他鸥属一样是杂食性的，也从垃圾堆中、田园上及海边寻找食物，还会从千鸟或田鸠嘴中抢走不属于它的食物。银鸥是一种群居性鸟类，常常以几十只或成百只一起活动，喜欢跟着来往的船舶，拾获船中的遗弃物。

有时一只鸟入水取食，群鸟紧跟而下，从远处眺望看到，好似片片洁白的花瓣撒入水中，缓缓地随水荡漾，别有一番景致。银鸥是船舶即将靠岸的"活指标"。它们活动在近海附近，船员们发现了银鸥，就说明距岸已经不远了。银鸥以动物性食物为主，其中它的食物有水里的鱼、虾、海星和陆地上的蝗虫、鼠类等等。

银鸥通常会在陆地上或者悬崖上生蛋，一般为 3 枚。它们会很小心的保护这些蛋，而它们的叫声也在北半球非常的有名。

◎关于海鸥的故事

故事一：

一只海鸥，她的名字叫鸥儿。虽然她住在一座美丽城市的海边，但因为整天被一个大笼子罩着，很不自由。她想去蓝天飞翔，想去做自己喜欢做的事，因此她每天祷告，希望某天能实现这个愿望……

终于有一天，天使来到了她的面前，把她带到了海洋中的一个岛屿，成为了那里"海鸥海上护卫队净化组"的一名成员。脱离了禁锢的笼子，在这无限广阔的蓝天和海洋中，她高兴极了！天天满面笑容、放声歌唱、翩翩起舞、尽情施展她的才华……

她那动听的歌声萦绕在岛屿的上空，引起了另一只海鸥的注意，他的名字叫海儿。海儿也是"海鸥海上护卫队"的成员，在"预报组"工作。海儿被这动听的歌声着迷了，也情不自禁地跟着鸥儿哼唱，一天又一天，海儿把他们唱过的一首首动听的歌记录成了一本书——《海鸥之歌》。一天，他把这本书递给了鸥儿。鸥儿对这本书爱不释手，看了一遍又一遍。受《海鸥之歌》的启发，鸥儿也接着写出了《海鸥之舞》，并且把《海鸥之舞》也拿去与海儿一同分享，海儿一下子就被书中的美文美图陶醉了……

那一天，海儿目不转睛地盯着鸥儿，鸥儿也含情默默地注视着海儿，两颗心都在扑腾扑腾急速地跳着，终于他们情不自禁地紧紧相拥，两颗心从此贴到了一起……

天使派海儿和鸥儿把《海鸥之歌》与《海鸥之舞》送到其他的岛屿。于是，海儿挽着鸥儿，鸥儿倚着海儿出发了。

突然，一声刺耳的尖叫，一个不明飞行物迎面飞来，"嗖"的一声从海儿和鸥儿身边飞过，《海鸥之歌》和《海鸥之舞》两本书也随着不见了！一阵惊吓后，海儿和鸥儿不得不返回居住的小岛。

海儿忏悔："我没完成好任务，我正在思过，请求原谅……"鸥儿说："不是海儿的错……"天使告诉他们："你们都没有错……"他们释然了。

时光飞逝，一年很快就过去了。一天，海儿和鸥儿照例去他们常去的"老地方"玩耍、嬉戏。他们时而在空中欢腾雀跃，一会儿又悠然自得地漂浮在海面上；一会儿在空中飞翔，一会儿又直矢海面，而后又迅速的腾空而起……不亦乐乎！

正玩得起劲时，海儿突然难过起来。鸥儿忙问："海儿，你怎么啦？"海儿说："过几天我就要离开你，离开这个岛了，我真舍不得啊！天使只派我来这里一年。一年后，就要回原本属于我的居住地了，那也是一座美丽城市的海边，但我从来没有被笼子罩住过，我在那里是自由的。天使要我在那里完成我的使命……"

离别的这一天终于到来了，天使送给他们一只信鸽，一只鸿雁，嘱咐说："用你们的心，并借助信鸽和鸿雁传书去完成各自应该完成的神圣使命，包括共同写完《海鸥之魂》与《海鸥之灵》……"

就这样，海儿和鸥儿都眼噙泪花，相互怀揣着对方的那颗心依依不舍地分开了。

故事二：

海鸥身姿健美，其身体下部的羽毛就像雪一样晶莹洁白，曾为人们所羡慕而招来杀身之祸。早在上世纪中期，欧美上层社会的贵妇人都非常喜欢有白羽毛装饰的帽子。为此，海鸥成了获取高利猎手的猎杀目标，使其濒临绝种。幸好当时英国波士

※ 海鸥

顿一个生物研究所的几位女研究员及时通过报纸等宣传渠道呼吁保护海鸥，并且也得到许多上层开明妇女的大力支持。而后又在美国马萨诸塞州成立了一个保护海鸥的协会，从而引起世界各国的重视，才使海鸥"家族"得以逐年恢复生机，繁衍生息下去。

| 拓展思考 |

1. 你知道还有哪些种类的海鸥？
2. 海鸥的存在对人类有哪些益处？

"游泳健将" —— 潜鸟

潜鸟特征为喙圆锥形而坚硬，翅小，尖形；前三趾之间具蹼；腿位于身体后部，因此步履蹒跚。羽毛浓密，背部主要呈黑色或灰色，腹部白色。潜鸟几乎全为水栖性的鸟类，能在水下游很长一段时间，并能从水面下潜到 60 米深处。

◎潜鸟的习性

一般情况下，潜鸟会独栖或者成对生活，但是有些种类并非如此，尤其是黑喉潜鸟，它们是成群过冬和迁徙的。潜鸟的鸣声很具特色，包括喉声以及怪异的悲鸣声，因此潜鸟在北美被称为"笨鸟"。

※ 潜鸟

◎黑喉潜鸟

黑喉潜鸟是体型略大的潜鸟，头浅灰色，喉部和背部黑色，具有金属光泽；前颈墨绿色，颈侧为白色，具有黑色纵纹；翅膀部分有白色斑点；墨绿色的头颈，以及带黑白花的背部，让它在水下与环境能有效地融合在一起；胸、腹部为纯白色。黑喉潜鸟与红喉潜鸟的区别在于头较大而颈显得粗，嘴较厚且比较平，而且上体缺少白色的斑纹。

潜鸟的腿部粗壮、脚趾上有很大的脚蹼，十分擅长游泳与潜水，它们又长又尖的嘴巴，很适合捕食小鱼虾。在繁殖季节，潜鸟们会在美洲和欧洲北部的森林以及苔原地带居住。冬季到来之前，它们会迁徙到非洲南部以及中美洲。黑喉潜鸟在北欧、亚洲和美国西部都是为较常见的鸟类。

潜鸟的食物非常广泛，主要包括鱼类、甲壳类和软体动物，此外也吃蜻蜓、蜻蜓的幼虫、甲虫及幼虫等水生昆虫和无脊椎动物等。潜鸟觅食的方式主要是通过潜水，有时也在水面飞奔追捕鱼群。

潜鸟繁殖期主要栖息在北极和亚北极苔原以及岛屿上的内陆湖泊、河流以及大的水塘中，也常出现在山区森林中的河流以及大的湖泊中。潜鸟最喜欢的是岸边植物茂密而又富有鱼类的河流与湖泊，冬季多数栖息于沿海海面、海湾及河口地区。潜鸟经常会成群结伴而行，很少会单独活动。

潜鸟的巢通常都建造在小岛上或者是芦苇丛中的一块平地上。黑喉潜鸟能够用各种材料筑巢。在它们的巢中，常发现有植物的根、树枝或羽毛。

※ 黑喉潜鸟

新出生的黑喉潜鸟立即就能游泳潜水，幼鸟的羽毛乌黑，并且还能够睁开眼。成鸟在躲避危险时能够在翅膀下夹住幼鸟在水下潜逃。

潜鸟的飞行能力很强，飞行速度很快并且有力，常以直线飞行。两翅扇动比较急速，但是不能自由变换速度，在水面起飞也是比较困难，通常需要有一段距离的水面助跑才能够飞起，因此潜鸟一般不喜欢栖息在小的水塘。然而潜鸟在陆地根本不能起飞，行走也非常的困难，通常为匍匐前进。因此除了繁殖外，潜鸟一般也不到陆地。潜鸟每天在水上生活，遇到危险时也是通过潜水来避难。

黑喉潜鸟繁殖于北半球，从苏格兰北部到西伯利亚，在北欧、亚洲和美国西部都会比较常见。潜鸟为冬候鸟和旅鸟，比较罕见，所以在我国是不常见的稀有鸟类。

▶知识链接

黑喉潜鸟是聪明的水下猎手。奇妙的体羽颜色帮助它能够轻易地靠近目标。黑颜色的头颈，以及带黑白花的背部，使它在水下与环境能有效地融合在一起。只有进入繁殖季节，它们腹部的羽毛才变成浅色。

◎红喉潜鸟

红喉潜鸟体长 60 厘米左右，是分布最广的一种潜鸟，也是潜鸟科中最小的一种鸟。它们主要是在淡水附近繁殖生息，但也在海中觅食。

繁殖期的成年红喉潜鸟为灰头、粗颈、红喉、白腹、深色翅膀；非繁殖期的羽毛则要暗淡许多，虹膜为红色。红喉潜鸟的鸣叫声相当的大。

红喉潜鸟是属于大型水禽。红喉潜鸟的羽头和颈为淡灰色，前额和头顶具黑色羽轴纹，后颈具黑白相间排列的纵纹；上体和翅上覆羽为灰褐色，有时具有白色细小斑纹；前颈具有显著的栗色三角形斑，从喉下部一直到上胸；栗色三角形斑以下到整个下体为白色，胸侧有黑色纵纹，两肋具黑色斑纹；尾下覆羽具有黑色横斑；虹膜红色或栗色；嘴黑色或淡灰色，细而微向上翘；脚为绿黑色。

红喉潜鸟繁殖期主要栖息于北极苔原以及森林苔原带的湖泊、江河与水塘中，迁徙期间和冬季则多栖息在沿海海域、海湾及河口地区。善于游泳和潜水，并且游泳时颈伸得很直，常常会东张西望，飞行时也非常快，常呈直线飞行。红喉潜鸟起飞比较灵活，无需在水面助跑就可以在水中直接飞起，因而在较小的水

※ 红喉潜鸟

塘也能起飞，但在地上行走却比较困难，常常在地上匍匐前进。

红喉潜鸟主要以各种鱼类为食，此外也吃甲壳类、软体动物、鱼卵、水生昆虫以及其他水生无脊椎动物。它的觅食方式是通过潜水，能在水下快速游泳，追捕鱼群。红喉潜鸟主要繁殖于欧亚大陆和加拿大的北极地区，在海岸与大湖一带地区过冬。

| 拓展思考 |

1. 潜鸟有哪些特征？它与哪些家禽相似？
2. 潜鸟有哪些价值？

"潜水明星" 鸬鹚

"Qian Shui Ming Xing" Lu Ci

鸬鹚，也叫水老鸦、鱼鹰。它的身体比鸭狭长，体羽为金属黑色，通常善于潜水捕鱼，飞行时以直线前进。在中国的南方有许多渔民饲养使之来帮助自己捕鱼。除南北极外，几乎遍布全球，其种类约有 30 种，我国常见的有：斑头鸬鹚、海鸬鹚、红脸鸬鹚和黑颈鸬

※ 鸬鹚

鹚等。由于此鸟可驯养捕鱼，在我国古代时期就已被驯养利用，为常见的笼养和散养鸟类。野生鸬鹚分布于全国各地，繁殖于东北、内蒙古、青海湖以及新疆西部等地。

◎鸬鹚的外形与习性

鸬鹚体羽为黑色，并带紫色金属光泽，体长最大可达 100 厘米。嘴长呈锥状，前端具有锐钩，主要用于啄鱼。鸬鹚能在水中以长而弯曲的嘴捕鱼。野生鸬鹚平时栖息在河川与湖沼中，也常常低飞，掠过水面。鸬鹚飞行时颈和脚都会伸直。鸬鹚夏季会经常在近水的岩崖或高树上，或者沼泽低地的矮树上筑巢。鸬鹚常在海边、湖滨、淡水之间活动。

普通鸬鹚生活在淡水湖边，栖息在宽阔的水域，像池塘、湖泊等。飞行能力强，飞行时同样直线前进，除了在迁移时期，通常不会离开水面。善于游泳和潜水，常在水里排列成半圆形，方便围捕鱼类。

鸬鹚在捕猎的时候，脑袋扎在水里追踪猎物，潜水后羽毛湿透，需要在阳光下晒干后才能飞翔。很多渔民用鸬鹚帮忙捕鱼。用于捕鱼的鸬鹚，需用绿绳或者稻草在其颈部系以活套，也可用金属环套在颈部，为

翔翔在天空中的鸟类

了防止鸬鹚捕鱼后吞食。

海洋性鸬鹚活动于隐蔽的沿岸的海水、海湾及河口，也在宽阔的大海中活动。主要以各种海鱼为食，也吃软体动物及甲壳类动物。每当繁殖季节，雌雄成鸟一起到临近水域的悬崖峭壁上、岩穴间、大树上、沼泽地的矮树上、芦苇中筑巢。巢用树枝、干草及海藻或者水草等建筑而成。

▶知识链接

　　鸬鹚的捕鱼本领之高早已被古人所用。近几十年来，科学家们又发现鸬鹚在河水非常混浊时也能轻松自如地追踪鱼群。在河水混浊时鸬鹚依靠听觉器官追捕鱼群。盲眼鸬鹚就是依靠听觉来捕鱼，由此可知鸬鹚的听觉非常发达。

◎斑头鸬鹚

斑头鸬鹚又叫做绿鸬鹚、
绿背鸬鹚，体羽黑绿色，有
蓝绿色金属反光。斑头鸬鹚
为大型水鸟。体长 80 厘米左
右，体重约为 2.5 千克。体
羽为黑绿色，有蓝绿色金属
反光。嘴基部内侧黄色，裸
出皮肤白色，颊后方以及头
的后面为白色羽毛。背为暗
绿色，羽缘为黑色，胁有白

※ 斑头鸬鹚

色粗斑。虹膜为绿色，嘴为黑褐色，脚为黑色。嘴长直、尖且比较粗壮，呈圆锥形，先端弯曲成钩状。嘴、眼周围裸露均无羽毛。尾较长并且圆，尾羽约为 14 枚。翅较宽长，背、肩和翅上的覆羽为暗绿色，颊后方、后头和后颈分散的有白色丝状羽，两胁部各有一个大的白斑。

斑头鸬鹚繁殖于太平洋东海岸北部以及邻近的海岛，包括我国的旅顺、河北、山东烟台、威海市、青岛旅鸟等。斑头鸬鹚是候鸟，冬季时从南迁到浙江、福建、台湾、云南等地。斑头鸬鹚一般栖息于温带海洋沿岸以及附近岛屿和海面上，迁徙和越冬时在河口及邻近的内陆湖泊有时也可见到。

斑头鸬鹚喜欢群集在沿海岛屿、沿海石壁上。由于体形较大，两翅展开，形如人立。斑头鸬鹚为候鸟，是我国的沿海鸟类。

◎海鸬鹚

　　海鸬鹚属大型水鸟，体长为 75 厘米左右，体重 2 千克左右。全身羽毛为黑色，头、颈部具有紫色光辉，其他部分有绿色光辉。在繁殖期间，头顶和枕部各有一束铜绿色的冠羽，而且额部有羽毛，肩羽和覆羽为铜绿色，另外两胁各具一个大的白斑，喉部以及眼周的

※ 海鸬鹚

裸露皮肤为暗红色；虹膜为绿色；嘴比较细长且稍微侧扁，嘴槽的两边就像镶嵌着两把利刃，非常锋利，嘴为黑褐色；脚短而粗，为黑色。黑色的尾羽共有 12 枚，均为圆形。冬季的羽色和夏羽基本相似，但头上没有羽冠，颈部也没有白色的细羽，嘴基和眼周裸露皮肤的红色较为暗淡并且不明显。

　　海鸬鹚觅食的方式主要是通过潜水，在水下追捕猎物；有时也常站在岩石上等候食物的到来。海鸬鹚如果在休息的时候受到干扰，就会急促飞起，并且还会将胃里没有消化的鱼骨、鱼鳞等食物用一个黏液囊反吐出来，用来减轻体重，加快飞行，以迅速逃避敌害。

　　海鸬鹚是中国沿海地区常见的鸟类，主要以鱼、虾为食，也会吃其他甲壳类海洋动物。还会食用少量的海藻、海带、海紫菜等。每年 6 月进入繁殖期，每窝产卵 3～6 枚，孵化期约 28 天左右。海鸬鹚主要栖息于温带海洋中的近陆岛屿和沿海地带，有时也会出现于河口和海湾。常成群停栖在露出海面的岩礁上和海岸悬崖中的突出部位，以及岩顶和峭壁间，有时多达数十只密集地站在一个小块的岩礁上。活动时多沿海面低空飞行，或在海岛附近海面游泳，会频繁地潜入水中觅食。有时候也能见到少数个体在海岸附近的沼泽地带以及水池边活动。

　　海鸬鹚是一种非常善于合作的水鸟，常常聚集成大群围捕湖中的鱼类，上下协作得非常和谐。据说当海鸬鹚遇到大鱼，一只鸬鹚无力制伏时，它会一边搏斗，一边呼唤同伴前来帮忙。附近鸬鹚听到求救声后便

会立刻赶来，一起向大鱼发动攻击。在水中觅食时，鸬鹚也表现得非常善于合作，有时它们还会与鹈鹕一起合作捕猎，在水面上排成半个圆圈，鹈鹕在水面上用双翅拍击，驱赶鱼群，海鸬鹚则会潜入水中打围，彼此都能捕获到充足的食物。海鸬鹚筑巢在海岛与海岸的悬崖岩石上及断壁间，常成群在一起营巢，成群结伴的有几对、数十对、甚至成百上千对的，有时也有零星的单对，相对来说比较分散，有时和其他鸟类混合在一起筑巢繁殖。海鸬鹚大多数为留鸟，终年在繁殖地附近活动，但也有少数在北方繁殖的种群需要飞往南部温暖的海域过冬。迁徙的时间常随气温的变化而定，通常在北方冰雪刚刚开始融化后不久就可到达繁殖地，秋季在水面部分结冰之后才会向南方迁徙。

海鸬鹚曾经是中国的沿海地区以及附近岛屿比较普遍和常见的鸟类，但近年来其种群数量已经大大减少。

◎长尾鸬鹚

长尾鸬鹚是一种小型鸬鹚，体长略长于 50 厘米，双翼展开约 85 厘米左右。繁殖期体羽为黑色闪绿光泽。翅膀上有银、黑色漂亮的斑纹。尾巴相对较长，有着较短的头冠，黄嘴，面部有红色或黄色斑纹，腹部白色。雌雄样子相仿。鸟嘴有力且长，上嘴两侧有沟，嘴端有钩，主要用于啄鱼方便；下嘴基部有喉囊；鼻孔小，颈较为细长；两翅长度适中，缺少第 5 枚次级飞羽；尾圆而硬直，有 12～14 枚尾羽；脚位于体的后部；跗蹠短而无羽；趾扁，后趾较长，并且有蹼相连。潜水时羽毛湿透后，需要张开双翅在阳光下晒干后才能够飞翔。

长尾鸬鹚善于潜水，能在水中以长而呈钩状的嘴捕鱼。平时栖息于河川和湖沼中，会经常低飞，掠过水面。飞行时它的颈和脚都会伸直。经常在海边、湖滨、淡水中间活动。休息的时候，在石头或树桩上久立不动。长尾鸬鹚的飞行力很强，除迁徙时期外，平时基本不离开水域。它主要以鱼类和甲壳类动物为食。长尾鸬鹚在捕猎的时候，脑袋扎在水里追踪猎物。长尾鸬鹚的翅膀已经进化到可以用来划水，因此，长尾鸬鹚在水草繁茂的水域主要用脚蹼游水，在清澈的水域或是沙底的水域，长尾鸬鹚在水中脚蹼和翅膀能并用，从而加快在水中前进的速度。在能见度低的水里，长尾鸬鹚通常都是偷偷靠近猎物，到达猎物身边时，突然伸长脖子用嘴发出致命的一击。这样，无论多么灵活的猎物也难以逃脱。在昏暗的水下，长尾鸬鹚一般看不清猎物，因此，它们主要就是靠敏锐的听觉捕捉猎物。长尾鸬鹚捕到猎物后必须要浮出水面后才能吞咽。

长尾鸬鹚通常在树上或地面筑巢，一次产 2～4 枚卵。雌雄两鸟共同营巢，巢用树枝及海藻或水草等筑成，长尾鸬鹚轮流孵卵。4 月中旬开始产卵，孵 28 天左右出雏。双亲都参与到抚育雏鸟的工作中，喂雏的方法是把鱼贮藏于粗大的食管内，在喂食时，亲鸟张开嘴，雏鸟伸嘴入亲鸟的咽部，在亲鸟的口腔内啄食半消化的鱼肉。喂水时，亲鸟将取来的淡水从嘴喷出，注入雏鸟嘴里。

◎毛脸鸬鹚

毛脸鸬鹚身长 75 厘米左右，体羽分黑白两色。有着桃红色的腿脚；双翼折叠时可以看到白色的斑纹。毛脸鸬鹚为蓝眼圈，在脸颊的喙基处有一簇橙红色的肉囊，平时呈灰黄色的肉囊在繁殖期变成红色。

毛脸的嘴强并且长，上嘴两侧有沟，嘴端有略似钩状的弯曲，非常利于啄鱼；下嘴基部有喉囊；鼻孔较小，成鸟完全隐闭；眼先裸出；颈细长；两翅长度适中，缺第 5 枚次级飞羽；尾圆而硬直，有 12～14 枚尾羽；脚位于体的后部；跗蹠短而无羽。

毛脸鸬鹚雌雄两鸟共同筑巢，巢主要是用树枝及海藻或水草等筑成，置于海滨的岩石上，轮流孵卵。双亲都参加抚育雏鸟过程，喂雏的方法是把鱼贮藏于粗大的食管内，在喂食时，亲鸟张开嘴，雏鸟把嘴伸入亲鸟的咽部，在亲鸟的口腔内啄食半消化的鱼肉。此种类主要分布于澳大利亚和新西兰地区。

◎红脸鸬鹚

红脸鸬鹚为大型水鸟。夏羽主要为黑色，头顶和枕部各有一簇彼此分离的冠羽，颜色为黑色，有铜绿色金属光泽，其腰部有一簇长而窄的白色羽毛。颈基部与尾下有稀而窄的白色羽毛。飞羽 11 枚为黑色，第 2 枚飞羽最长，颈具有紫色光彩，嘴有着绿色光彩。冬羽也为黑色且富有金属光泽。头和颈具绿色光泽，尾圆形，尾羽 12 枚。尾上与腹部都有着铜绿色，背和肩为紫绿色。虹膜为褐色，嘴基、喉侧以及眼周裸露皮肤为鲜红色，脚短而粗，呈黑色。幼鸟黑褐色，肩和翅覆羽微缀紫色，头和上背呈烟灰色。

红脸鸬鹚栖息于沿海海岸和邻近岛屿以及海洋水域附近，经常成小群活动。除晚上和休息时会飞到岸上来，其他时候几乎在海上活动。善于游泳和潜水，飞翔能力也比较强。起飞时需扇动两翅和在海面助跑后才能够离开水面，常会在水面上空进行低空飞行。红脸鸬鹚主要以鱼类为食，也吃少量甲壳类等其他小型海洋生物。觅食方式主要通过潜水在水下追捕鱼类。

红脸鸬鹚通常把巢筑在海岸和邻近岛屿的悬岩峭壁上，特别是突出于海中的较为平坦和开阔的悬岩以及岩石上，并且常以分散的小群

※ 红脸鸬鹚

营巢。巢通常由海草构成，亲鸟通常在巢域附近海面或者潜入水下摄取海草作为营巢的材料。巢内放有细而柔软的海草和鸟类羽毛。巢的大小平均为直径40～50厘米，高15厘米。如果繁殖成功，巢下年还继续被利用，有时还可利用若干年。

红脸鸬鹚在我国仅出现于辽东半岛大连湾和台湾沿海，数量极为稀少，属于少见的冬候鸟。

◎黑颈鸬鹚

黑颈鸬鹚又名小鸬鹚，体形与普通鸬鹚相似，是中型水鸟，也是我国鸬鹚类中体形最小的一种，雄鸟全身羽毛亮黑色，繁殖期头顶和颊部斑杂有白色丝羽；肩羽、翅上覆羽和内侧次级飞羽为银灰色，羽缘黑色。雌鸟的羽色与雄鸟相似，头颈部渲染为棕褐色。幼鸟通体褐色，下体近白色。喉囊绿黄色，虹膜为淡绿色。嘴形侧扁而细长，端部下曲成钩形，嘴角褐色。趾间具全蹼，呈黑褐色。

黑颈鸬鹚为留鸟，在非繁殖季节有时也会到村庄附近的小水塘活动。黑颈鸬鹚繁殖于各种适合于筑巢而又富有食物的湖泊、池塘和沼泽地上，甚至也筑巢于比较小的水塘中。它主要分布于自加里曼丹、爪哇岛以至

印度和孟加拉国，中南半岛以及中国的云南等地，大部分生活于低地的淡水区、包括湖泊、池塘、江河、沼泽地及稻田等，以及常见于沿海地带与河口、红树林间。主要以鱼类以及蛙类、蝌蚪等为食。觅食方式主要通过潜水，在水下捕猎食物。

黑颈鸬鹚的数量非常稀少，经调查，由于在分布区域的农田中施用的农药量日渐增多，污染水质。沼泽、河滩地中的鱼、虾及昆虫数量相应减少，致使黑颈鸬鹚的食物缺乏，因而导致分布区种群数量逐渐减少。

※ 黑颈鸬鹚

◎鸬鹚龙女的传说

龙井山秀美的景色，不知何时被东海龙王敖广的女儿知道了。一天，龙女乘龙王不注意时，偷偷地驾着东海的一颗飞来石，来到龙井山。龙女被眼前秀美的山色、峡谷里完好的自然生态景观迷住了，天心龙井潭中清澈见底的水更是让龙女喜爱，于是龙女便潜入幽深的潭水里玩耍起来。由于这潭是龙井山祈福道场，阴阳鱼的阳"眼"，也就是天池的天心，自然法力浩大，如果道行不高的神仙进入潭中就无法离开，将被天心法力所困，因龙女不知其中的奥秘，从那以后龙女就被困天心龙井潭，只能在潭底寂静地生活。她从东海驾来的那颗飞来石也就在天心龙井潭瀑布旁化为玄武龙王岩守护着龙女。由于龙女心地善良，上天又有好生之德，道教祖师在龙潭深处点化了一条暗道，这条暗道可通往10千米外风光旖旎的崇阳溪。自从道教祖师点化了这条暗道后，龙女便化作一条鲤鱼，自由自在地穿行在天心龙井潭和崇阳溪之间。这天风和丽日，溪面上有许多漂亮的鸬鹚在捕鱼，龙女被眼前的景象所迷住，竟与鸬鹚玩起了捉迷藏。一只脚上天生套有小铜环的鸬鹚（这鸬鹚是太上老君的信鸽转世，小铜环是太上老君赐予的护身法器）紧追着龙女的化身鲤鱼不肯放，一直追到的天心龙井潭。鸬鹚哪里会知道鲤鱼回到天心龙井潭后就会还原成龙女，鸬鹚怎么还能找到鲤鱼呢？由于鸬鹚在长达10多千米的地下水道里追逐早已精疲力竭，已无力再回到原来的地方了，几天后奄奄一息地漂浮在水潭边。龙女发现后，把它带回潭中精心照料，并且用自己体内真气帮助鸬鹚恢复了元气，因此鸬鹚体内也有了仙骨，有了仙骨之后的鸬鹚，也就受天心的法力约束，凭自身的力量已无法离开天心龙井潭了，只好留在潭中，随后拜龙女为师学道。不知道过了多少年，也不知是机缘巧合还是上天安排彭夷（彭夷，彭祖次子，这时的彭夷还是凡人，凡人是不受天心法力约束，传说是彭夷受太上老君梦中之托，鸬鹚的受困厄运已满，来把它带回去的。据说后来彭夷圆了作为凡人时的最后一场功德后得道成仙。）为解方圆百里百姓瘟疫采草药到此地，并把鸬鹚带出天心龙井潭，使鸬鹚离开天心的法力约束。等到鸬鹚修炼为人后，才能化解龙女的厄运。而这时的鸬鹚由于得到过龙女体内真气的帮助，加之在天心龙井潭向龙女学道多年，已有了一定的仙骨道气。道教祖师也以将鸬鹚脚上套的小铜环化为一道字符，刻在天心龙井潭岩壁上，作为了他们今后相见续缘的信物。

寒来暑往，直至到了东汉年间，那鸬鹚转世为人，长得眉清目秀，温文尔雅，取名叫陈子祷，后才解了龙女的厄运，并与龙女喜结良缘，生活在龙井山祈雨堂中。后来在农历一月十五那天生下长子取名天官，农历七月十五当日生次子叫地官，农历十月十五的那天生下第三子叫水官，这三兄弟天生异秉，长大之后神通广大，法力无边。自此以后，这三个后辈，都被封为大帝。长子被封为上元一品九气天官赐福紫微大帝；次子被封为中元三品七气地官赦罪清虚大帝；三子被封为下元三品五气水官解厄洞明大帝。在神话中，三官各司其职：天官赐福，地官赫罪，水官解厄，这种传说流传至今，尤其以天官赐福的说法最受民间的欢迎，福神是福的象征，幸福、福运、福气、平安都是人们所向往的，因此人们把天官作为福神来供奉。

拓展思考

1. 鸬鹚对人类都有哪些益处？
2. 鸬鹚是我国几级保护动物？

翱翔在天空中的鸟类

"废物鸭"秋沙鸭

"Fei Wu Ya" Qiu Sha Ya

秋沙鸭是有冠的潜水鸟，身体较长，肉味腥臭，又称废物鸭。全世界共有 7 种，我国主要常见的种类有斑头秋沙鸭、中华秋沙鸭、红胸秋沙鸭以及普通秋沙鸭 4 种，主要分布于东部地区、黑龙江、海南省带地区。

◎秋沙鸭特征

秋沙鸭的嘴形侧扁，边缘具有锯齿，雌雄鸟都生有冠；后趾具有宽阔的瓣膜，且两性的羽毛颜色不同。雄鸟头和上背都为黑色，下背、腰和尾部为白色。雌鸟头为棕褐色，上体蓝褐色，下体为白色。常出没于林区内的湍急河流，有时在开阔湖泊。以捕食鱼类为主，此外还食石蚕科的蛾以及甲虫等。在内蒙古呼伦贝

※ 秋沙鸭

尔、小兴安岭、镜泊湖、长白山等地区繁殖；在四川以东的长江流域过冬。目前秋沙鸭已被列为我国国家一级保护动物。

知识链接

普通秋沙鸭是我国秋沙鸭中数量最多并且也是分布最广的一种，冬季和迁徙期间在我国东部和长江流域是非常常见的鸟类，遍布于各种湖泊、山区溪流和低地一带。但近年来却变得不常见，种群数量减少，需要加强保护工作。

◎普通秋沙鸭

普通秋沙鸭是秋沙鸭中个体最大的一种，体长为 60 厘米左右，体重最大可达 2 千克。雄鸟头和上颈为黑褐色并且具有绿色金属光泽，枕

翱翔在天空中的鸟类

部有短的黑褐色冠羽，使头颈显得比较粗大。下颈、胸以及整个下体和体侧为白色，背为黑色，翅上有大型白斑，腰和尾为灰色。雌鸟头和上颈为棕褐色，上体羽为灰色，下体羽为白色，冠羽短为棕褐色，喉为白色，特征也非常明显，很容易鉴别。

越冬期间常见成对或4～5只，顶多十多只结成小群在湖泊、水库、池塘或沼泽地中活动和觅食。普通秋沙鸭善于潜水，在水中追捕鱼类等食物。它以鱼、虾、水生昆虫等动物性食物为主，有时也会食用少量的水生植物。

普通秋沙鸭是中国秋沙鸭中数量最多、分布最广的一种，冬季和迁徙期间在中国东部和长江流域是常见的，并且秋沙鸭的种群数量较大，遍布于多种湖泊、山区溪流和低地。但近来已不常见，而且种群的数量也在逐渐减少。在我国内主要繁殖在东北西北部、北部和中部，新疆西部、中部与天山北部，青海东北部、南部以及西藏南部。

秋沙鸭经常结成小群，在迁徙期间和冬季的时候，也常集成数十只甚至上百只的大群，偶尔也会有单只活动。秋沙鸭游泳时颈伸得很直，有时也将头浸入水中频繁潜水。休息时多游荡在岸边或栖息于水边沙滩上。飞行速度快并且以直线前进，两翅扇动比较快，常发出清晰的振动翅膀声。起飞时显得很笨拙，需要两翅在水面急速拍打和在水面助跑一阵才能飞起。潜水亦很好，每次能在水中潜泳30秒左右；也能在地上行走，时常出现在城市公园、湖泊中，但很警觉，人难于靠近。

繁殖期5～7月，通常是以小群到达繁殖地。通常雌雄两鸟形成对在冬季和春季迁徙的路上，也有的在到达繁殖地后才形成对。到达后不久，鸟群就会逐渐的分散，成对进到富有鱼和水生动物的林中溪流觅找巢位。通常筑巢在紧靠水边的老龄树上天然树洞中，也在岸边岩石缝隙、地穴、灌丛与草丛中营巢。每窝产卵10枚左右。雌鸟孵卵，雄鸟在雌鸟开始孵卵后不久就可以离开雌鸟，与别的雄鸟一起到僻静处换羽，孵化期35天左右。雏鸟有早成性，孵出后全身即长满了绒羽，出壳后的第2～3天就能从巢洞中出来进到水中，即可游泳和潜水。

由于秋沙鸭主要食用鱼类，所以对渔业有一定影响。秋沙鸭的肉很腥，没有食用价值。藏药中记载秋沙鸭肉经加工可治疗"尼阿洛病"、骨暖体、全身性水肿、小比目鱼肌红肿疼痛、药物中毒、食物中毒等。

◎褐秋沙鸭

褐秋沙鸭又名巴西秋沙鸭，是一种典型的秋沙鸭鸟类。栖息时多游荡在岸边或水边沙滩上。飞行时由于翅膀扇动，常发出清晰的振动翅膀声。起飞时显得很笨拙，需要两翅在水面急速拍打并且在水面助跑一阵才能飞起。

※ 褐秋沙鸭

褐秋沙鸭体形长为 50 厘米左右，是一种羽色深暗的秋沙鸭，有着细长的长冠，深绿色具光泽，雌鸭的冠通常较短。上体为暗灰色，胸部为浅灰色，腹部为白色，特别是翅膀上的白色翼镜在飞行时非常明显。它的脚细长，为锯齿状且为红色，鸭喙和腿黑色。雌鸭的鸭嘴较短，波峰较小。褐秋沙鸭的身材相对苗条，雌雄的颜色是一样的。幼鸭区别于成鸭的主要是黑白色的喉部与胸部。

其种类分布于南美洲，包括哥伦比亚、委内瑞拉、圭亚那、苏里南等地区。主要栖息、活动在热带森林茂密的浅水溪流、湍急的河流以及清澈的海水中或者在岸边飞翔。主要食物是鱼类，偶尔也会补充一些软体动物，比如昆虫和一些幼虫。

繁殖期通常在 6～7 月，每巢下 3～6 枚卵，雏鸡的孵化期在 7～8 月。幼鸭到的 9～10 月就已经具有飞行的能力。虽然只有母秋沙鸭孵卵，但父母双方都会参与对幼鸭的照顾。这是一个极其与众不同的鸭子父母双方的行为，雌雄秋沙鸭共同直接给幼雏喂食。

◎斑头秋沙鸭

斑头秋沙鸭头颈为白色，眼周部为黑色，在眼区形成了一小片黑斑。枕部两侧黑色，中央白色，各羽均延长形成羽冠。背黑色，上背前部白色而具黑色端斑，形成两条半圆形黑色狭带，往下到胸侧。初级飞羽和初级覆羽为黑褐色，外侧次级飞羽为黑色且具有白色端斑，2～3枚内侧次级飞羽外侧为白色或银灰色，其余次级飞羽为乌灰色。大覆羽为黑色，且有白色端斑。小覆羽也为黑色，中覆羽为白色，在翅上形成一个大而明显的白色翼斑。肩前部通常为白色，后部为暗褐色；腰和尾上覆羽为灰褐色，尾羽为银灰色；下体为白色，两胁、具有灰褐色波浪状细纹。

※ 斑头秋沙鸭

斑头秋沙鸭在繁殖季节主要栖息于森林或森林附近的湖泊、河流、水塘等水域中，但更喜欢低地河岸的森林。非繁殖季节则喜欢栖息在湖泊、江河、水塘、水库、河口、海湾以及沿海地带。除繁殖外经常成群活动，一般情况下7～8只或十几只为一群，有时也多至数十只的大群。特别是迁徙季节和冬季的时候，通常雌雄分别集成群，雌鸟和幼鸟常栖息在更往南一些的地区。一般比较喜欢在平静的湖面上活动，平时善于游泳和潜水，几乎整天都在湖面出现。通常一边游泳一边潜入水中觅食。休息时大多数在湖边或河边水域中来回游荡，或者栖息在水边石头上以及浸在水中的物体上，很少上岸。飞行迅速并且灵巧，能从水中直接飞出，不需要用两翅在水面拍打和助跑就能顺利起飞。有时也与其他鸟类混群活动。

斑头秋沙鸭潜水深度和每次潜水的时间都没有其他秋沙鸭潜水时间长，通常一次潜水时间多在15～20秒。食物主要为小鱼，也大量捕食软体动物、甲壳类、石蚕等水生无脊椎动物，时常也会吃少量植物性的食物。

斑头秋沙鸭通常繁殖在面有水生动物的森林河流、湖泊和水塘地区，尤其是流速平缓的森林河流低地与森林水塘地区为最频繁出现的地方。成对的形成多在冬末和春季迁徙的路上，到达繁殖地时成对的雌雄两鸟已基本形成，繁殖期是从5～7月，营巢于林中河边或湖边老龄树上天然树洞中。

斑头秋沙鸭在我国国内主要分布于北自东北、新疆，南抵长江流域至华南等地。国外见于欧洲、亚洲大部和北美洲。

◎中华秋沙鸭

中华秋沙鸭又称油鸭、唐秋沙等，它的嘴形侧扁，前端尖出，它与鸭科其他种类具有平扁的喙形不同，嘴和腿脚为红色；雄鸭头部和上背为黑色，下背、腰部和尾上覆羽为白色；翅上有白色翼镜；头顶的长羽后伸成双冠状；胁羽上有黑色鱼鳞状斑纹。体型比绿头鸭稍小些。雄性成鸟头和颈的上半部为黑色，具绿色金属反光，冠羽较长为黑色，上背为

※ 中华秋沙鸭

黑色，下背、腰与尾上覆羽都为白色，翅有白色翼镜。下体也为白色，体侧有黑色鳞状斑，雌鸟的头为棕褐色，上体为蓝色，下体为白色，此种类没有严重的分化现象。

雄鸟体长 55 厘米左右，有着长且窄并近似于红色的嘴，其尖端具有钩状。黑色的头部具有厚实的羽冠。两胁羽片为白色且羽缘以及羽轴为黑色，形成特征性鳞状纹。它的脚为红色，胸为白色且区别于红胸秋沙鸭，体侧具有鳞状纹，与普通秋沙鸭有所不同。

雌鸟的体羽色较暗并且灰色较多，与红胸秋沙鸭的区别在于体侧具有灰色宽而黑色窄的带状图案。

中华秋沙鸭经常出没于林区内的湍急河流，有时也会在开阔湖泊。通常成对或以家庭为群，潜入水里捕食鱼类。中华秋沙鸭生性机警，稍有惊动就昂首缩颈不动，随即起飞或快速游到隐蔽的地方。据有关人员在吉林省长白山的观察，它们于每年 4 月中旬沿山谷河流到达山区海拔1000 米的针、阔混交林带。经常以几只成小群活动，有时也会与鸳鸯混在一起。觅食多在缓流深水处，捕到鱼后先衔出水面再吞食。它们主食鱼类，善于潜水，潜水前上胸离开水面，然后再侧头向下钻入水中。白天活动的时间较长。此外，它还食石蚕科的蛾以及甲虫等。

中华秋沙鸭是第三纪子遗留下来的物种，距离现在已生存了 1000多万年，被称为鸟类中的活化石，中华秋沙鸭为我国的国家一级重点保护动物，现已被列入国际自然资源保护同盟濒危鸟类红皮书以及国际鸟类保护联合会濒危鸟类名录，该物种是与大熊猫齐名的国宝。据国际鸟盟介绍，栖息地减少及非法捕猎已经导致这种鸟的数量仅剩 2000 多只。

◎红胸秋沙鸭

红胸秋沙鸭为鸭科秋沙鸭属的鸟类。红胸秋沙鸭雄鸟头部为黑色，具有绿色金属光泽，枕部具有黑色羽冠；上颈为白色，形成一条宽的白色颈环。下颈和胸为锈红色，背部为黑色，下背为暗褐色，腰和尾上覆羽都为灰褐色，有细密的黑白相间的细纹。雌鸟头顶、额枕和后颈均为棕褐色，头侧以及颈侧为淡棕色，枕部羽冠也为棕褐色；背、肩、直到尾部为灰褐色，具有灰色尖

※ 红胸秋沙鸭

端；前胸为污白色，两胁呈灰褐色，其余下体均为白色；虹膜雄鸟为红色，雌鸟为红褐色，嘴为深红色；嘴峰与嘴甲为黑色，跗跖为红色；幼鸟与雌鸟相似，但胸与下体中部大部分为灰褐色且有少量的白色。

红胸秋沙鸭在繁殖季节主要栖息在森林中的河流、湖泊及河口地区，有时候也会栖息于无林的苔原地带水域中。非繁殖期间主要栖息在沿海海岸、河口和浅水海湾地区。迁徙期间也有少量个体时而进入内陆淡水湖泊。经常以小群活动，大多数在近海岸潮间带及其附近的岩礁处活动和觅食。主要以小型鱼类为食，经常也会吃一些水生昆虫、昆虫幼虫、甲壳类、软体动物等其他水生动物，有时也吃少量植物性食物。

红胸秋沙鸭在我国黑龙江北部有繁殖，冬季经中国大部地区到中国东南沿海地区包括台湾过冬。红胸秋沙鸭在国外分布于北美地区，包括美国、加拿大、格陵兰、百慕大群岛、圣皮埃尔和密克隆群岛以及墨西哥境内北美与中美洲之间的过渡地带等地区。

| 拓展思考 |

1. 秋沙鸭被列为国家几级保护动物？

2. 中华秋沙鸭与国宝熊猫齐名为一级保护动物，你知道我国一级保护动物还有哪些？

会

飞的「湿地之神」

第二章

HUIFEIDE「SHIDIZHISHEN」

　　涉禽是指一些适应在沼泽与水边生活的鸟类。它们的腿特别细长，颈与脚趾也比较长，适于在水中行走，并且也善于飞行，飞行时头、颈、腿前后直伸，涉禽鸟类主要有鹭、鹳、鹤、鸿、鹬等。大多数涉禽会吃土壤中翻出来或暴露在外的小昆虫。不同喙的长度从而也会使它们吃不同的食物、特别是在海边；这也使得它们在食物方面没有发生直接竞争的情况。

翱翔在天空中的鸟类

风标公子——鹭类

Feng Biao Gong Zi ——Lu Lei

鹭 在中国有 10 属 20 种，主要有白鹭、苍鹭、牛背鹭等。分布在中国各地的大部分为候鸟和旅鸟。

◎主要特征

鹭的体形纤瘦，翅大而圆，内趾与中趾间微有蹼膜，中趾的爪内侧具有栉缘。鹭一般栖息于沼泽、稻田、湖泊、池塘，大多数为群居。主要食物有鱼类、两栖类、昆虫和甲壳动物。在中国东北、河北、河南、长江流域各省以

※ 鹭鸟起飞

及海南岛等地繁殖。体型稍小于大白鹭的是中白鹭，为华中一带常见鸟类。全身的体羽洁白，颈后冠羽比较短，背上及颈下蓑羽都比较发达，并且鹭的飞翔能力也比较强。巢一般都筑在高大树冠顶部，以枯枝编成。每窝产卵 3～6 枚，卵为淡青色；雌雄两鸟都会共同营巢和孵卵。

▶ 知识链接

鹭有 17 属、59 种。广泛分布于南北纬 60°间的所有陆地。中国有 10 属 20 种，分布中国各地，大部分为候鸟和旅鸟。鹭的飞翔能力强，在飞行时，颈收缩于肩的部位，成驼背状，脚向后伸直。栖息于树上时，缩颈且呈驼背状。

◎夜鹭

夜鹭雄雌的体形与体羽的颜色都相同，成鸟体长约 40～65 厘米，

头顶、枕部上背为略带金属光泽的深蓝灰色，上体的其他部分与双翅为端庄的暗灰色，眉纹宽阔为白色并在额前相连，下体为略带乳黄色的白色。头顶生有2～3根细长的白色蓑羽，在深蓝灰色上体的映衬下十分醒目，这2～3条蓑羽随头部运动而摇摆，十分好看。虹膜为血红色，喙为黑色，脚为黄色。幼鸟上体为灰褐色，夹杂着不长的棕色纵斑，翅上有星星点点分布的白色斑点，系羽梢的白色端斑而形成的；下体近白色密布褐色细纵纹，喙为黑色，脚为黄绿色。

夜鹭主要以小鱼、蛙及水生昆虫为食，有时也吃一些陆生鞘翅目昆虫。虽然夜鹭也吃大量小鱼和蛙类，但是对于维持自然生态平衡起着一定的作用。夜鹭一般栖息于平原、丘陵地带的农田、沼泽、池塘附近的大树、竹林，白天常隐蔽在沼泽、灌丛或者林间，平时在晨间和夜间活动。经常与白鹭、牛背鹭、池鹭等混群。夜鹭通常把巢筑于阔叶林、针阔混交林、杉木林、竹林中。巢呈浅盘状，结构比较粗糙，全部是由树枝构筑成。4～9月为繁殖期。群集营巢，有时也会利用乌鸦旧巢为窝。

夜鹭在中国长江中下游、长江以南和西南等地区曾经是较为丰富以及常见的鸟类，50～60年代在北京甚至东北长白山还时常会见到它。但近年来在整个东北地区都很难见到夜鹭了，夜鹭在北京和其他地区种群数量也明显减少，其减少原因主要是由于砍伐树木、环境污染以及人为的干扰。

◎岩鹭

岩鹭体长为60厘米左右，有两种色型：一种是白色，另一种是炭灰色。灰色型较常见，体羽清一灰色并且具有短冠羽，近白色的额部分在野外清楚可见。白色型与牛背鹭的区别在于它的体型较大，头与颈比较狭窄；与其他鹭的区别是它的腿偏绿色并且相对较短，嘴浅色，习性也有所不同。岩鹭全身呈灰色，头部有羽冠，胸部与背部有细长的白色蓑羽；嘴为黄色，嘴长90毫米，前端为暗褐色。也有喉部为白色的个体，但是以灰色的较多；脚为暗绿色；翼长200～300多毫米，尾长约100毫米左右。白色型岩鹭主要分布于南方地区，通体呈白色，其外形与白鹭相似；背部羽毛延伸到尾的基部，它不像其他白鹭那样成蓑羽状。嘴为绿黄色，脚为淡绿色。

岩鹭为典型的海岸鸟类，并且是一种留鸟，主要生活在热带与亚热带海洋中的岛屿与沿海岸边一带地区，尤其喜欢栖息在多岩礁的海岛与海岸岩石上，只有在非繁殖期才偶尔四处游荡。大多数岩鹭都是在白天活动，但是在黄昏时分活动更为频繁。岩鹭性情羞怯，孤独喜静，不容易接近，除了繁殖期外，其他时间常单独活动，多在沿海边的岩礁上静静地觅食或者缓慢地行走，有时也会伫立在比较隐蔽的水边岩礁上，身体呈驼背状，长时间站着不动。岩鹭活动时通常极为小心谨慎，经常轻轻的、一声不响地移动或觅食。有时也在低空中飞翔于岩礁与浪花之间，飞行时颈部会缩成"S"形，两翅鼓动缓慢，从容不迫，不慌不忙。然而当它们受到威胁时，也能飞得相当快。

岩鹭主要以鱼类、虾、蟹、甲壳类、昆虫以及软体动物等动物性食物为食。通常沿着岸边岩石慢步行走觅食。岩鹭觅食时身体蹲得很低，缩脖驼背，轻轻地、甚至有点偷偷摸摸地接近猎物，然后会趁其不备来个突然袭击。岩鹭还是很熟练的"小偷"，经常会到成群繁殖的鸥类中间偷吃亲鸟带给雏鸟的鱼类等食物。

岩鹭每年 4～6 月为繁殖期，营巢于海岛岩壁的缝隙或平台上，也会在树上或低矮的灌木上营巢。营巢有时也

※ 飞翔的岩鹭

会结成群，但并不像其他鹭类那样密集，而是在海岛的岩石上分散开来。岩鹭的巢一般比较简陋，通常由枯枝与干草茎构成盘状。每窝产卵2～5 枚，卵的颜色为淡青色或者淡绿色。

岩鹭分布于亚洲东部、琉球群岛、热带太平洋、印度洋、一直到大

洋洲等地带，共分化为两个亚种，中国仅产指名亚种，主要分布于浙江、福建、台湾、广东、香港、海南等地区。

◎黑脸琵鹭

黑脸琵鹭为大型涉禽，全长约 80 厘米，体羽为白色。后枕部有长羽簇构成的羽冠；额到面部皮肤裸露出来且为黑色，嘴也为黑色，长约 20 厘米，先端扁平呈匙状。腿长约 12 厘米，腿与脚趾都为黑色。

黑脸琶鹭的长相与白琵鹭极为相似，在野外经常会把它们弄混。它的体型比白琵鹭略小一些，全身的羽毛也都是雪白色的。夏季时，后枕部有比较长的发丝状橘黄色羽冠，项下和前胸还有一个橘黄色的颈圈。虹膜为深红色或血红色。嘴全部为黑色，不像白琵鹭嘴的前端为黄色，形状也是长直并且上下扁平，似琵琶形状。黑色的腿很长，胫的下部裸露，方便于在水中行走。与仅限嘴部为黑色的白琵鹭有着明显的不同，黑脸琵鹭的额、脸、眼周、喉等部位的裸露出来的部分都为黑色，并且与黑色的嘴融为一体，所以称之为"黑脸琵鹭"。

黑脸琵鹭在国外常见于亚洲东部的日本、朝鲜、韩国和越南等地。

黑脸琵鹭一般栖息在内陆湖泊、水塘、河口、芦苇沼泽、水稻田以及沿海岛屿和海滨沼泽地带等一些湿地环境。它们非常喜欢群居，每群为 3～4 只到十几只不等。它们的性情比较安静，经常会悠闲地在海边潮间地带、红树林以及咸淡水交汇的虾塘处以及滩涂上觅食，中午前后栖息在虾塘的土堤上或者稀疏的红树林中。觅食的方法通常是用长喙插入水中，半张着嘴，在浅水中

※ 黑脸琵鹭

一边涉水前进一边左右晃动头部扫荡，通过触觉来捕捉水底层的鱼、虾、蟹、软体动物、水生昆虫以及水生植物等各种生物，捕到后就会把

长喙提到水面外边，将食物吞吃。黑脸琵鹭飞行时的姿态优美且平缓，颈部和腿部伸直，有节奏地缓慢拍打着翅膀。

◎白琵鹭

白琵鹭也是大型涉禽，其体形长为 70～95 厘米，体重 2 千克左右。黑色的嘴长直而上下扁平，前端为黄色，并且扩大形成铲状或匙状，像极了一把琵琶，十分奇特。虹膜为暗黄色。黑色的脚也是相当的长。特有的琵琶型的大嘴是琵鹭属鸟类共有的特征，它与黑脸琵鹭长得很像并且可能混群。与黑脸琵鹭比较，白琵鹭体型稍大一些，另外就是脸部黑色较少，白琵鹭的嘴末端具有黄色，面部裸露的皮肤也为黄色，由眼睑到眼睛有一条很细的黑纹。繁殖期的白琵鹭有明显的冠羽，冠羽和胸前的羽毛都带有黄色。

白琵鹭栖息在开阔平原和山地丘陵地区的河流、湖泊、水库岸边及其浅水处；时常也会栖息于水淹平原、芦苇沼泽湿地、沿海沼泽、海岸红树林、河谷冲积地以及河口三角洲等各类生境，不过很少出现在河底多石头的水域以及植物茂密的湿地。常成群活动，偶尔也见有单只活动的白琵鹭。休息时常会在水边成"一"字形散开。休息时会长时间站立不动，受惊后则会飞往其他地方。白琵鹭生性机警畏人，飞翔时两翅鼓动相当快，平均每分钟鼓动达 180 次左右。飞翔时经常会排成稀疏的单行，或者呈波浪式的斜列飞行。白琵鹭既能鼓翼飞翔，并且也能利用热气流从而进行滑翔，然而白琵鹭经常是以鼓翼和滑翔结合进行，在一阵鼓翼飞翔之后接着就是滑翔。白琵鹭在飞行时两脚伸向后方，头颈也会向前伸直。

滩涂湿地有着各种细小的生物，琵琶形的嘴有的就像探雷器，帮助它们发现食物，白琵鹭细长的嘴更适合挖掘浅层的食物。白琵鹭是以虾、蟹、水生昆虫、昆虫幼虫、蠕虫、甲壳类、软体动物、蛙、蝌蚪、蜥蜴、小鱼等小型脊椎动物和无脊椎的动物为食，偶尔也会食用少量植物性食物。白琵鹭主要在早晨和黄昏觅食，有时也会常在晚上觅食，还结成小群，偶尔也见有单独觅食的。多在不深于 30 厘米的水边浅水处觅食，在海边常在潮间带以及河口与入海口处觅食。繁殖季节有时飞到离营巢地 10～20 千米的地方觅食，甚至有的在离营巢地 35～40 千米远的地方去觅食。觅食并非是通过眼睛直接捕食可见食物，而是一边在水

翱翔在天空中的鸟类

边浅水处行走，一边将嘴张开，伸进水中左右来回扫动，就像一把半圆形的镰刀从一边到另一边来回割草一样。嘴通常张开5厘米，嘴尖直接接触到水底，当碰到要猎获物时，立即就可将其捉住。白琵鹭有时甚至将嘴放到一边，拖着嘴迅速奔跑着觅食。

※ 白琵鹭

在中国北方繁殖的种群全部为夏候鸟，春季于4月初～4月末从南方越冬地区迁到北方繁殖地，秋季于9月末～10月末南迁。迁徙时常以40～50只的小群，排成一纵列或呈波浪式的斜行队列飞行，并且多在白天迁飞，傍晚停下觅食。白琵鹭在中国南方繁殖的种群主要为留鸟，不会进行迁徙。

◎白鹭

白鹭属共有13种，其中有大白鹭、中白鹭、小白鹭和雪鹭4种，体羽都是全白，通称为白鹭。

大白鹭体型较大，既没有羽冠，也没有胸饰羽；中白鹭体型中等，没有羽冠但有胸饰羽；白鹭和雪鹭体型都较小，羽冠及胸的羽全有。

※ 白鹭

经常出现在稻田、河岸、沙滩、泥滩以及沿海小溪流。成散群进食，主要食小鱼、蛙、虾及昆虫等，通常会与其他种类混群。有时还会飞越沿海浅水追捕猎物，夜晚飞回栖息地。白鹭主要分布于非洲、欧洲、亚洲及大洋洲。

◎苍鹭

苍鹭是体型较大，羽毛以白、灰以及黑3种色为一体的鹭。成鸟过眼纹及冠羽都为黑色，飞羽、翼角以及两道胸斑为黑色，头、颈、胸及背为白色，颈具有黑色纵纹，其他部位为灰色。幼鸟的头和颈的灰色都比较重，但没有黑色。

苍鹭主要栖息于江河、溪流、湖泊、水塘、海岸等水域岸边及其浅水

※ 苍鹭

处，也见于沼泽、稻田、山地、森林和平原荒漠上的水边浅水处以及沼泽地上。通常会在浅水湖泊和水塘中或水域附近陆地上觅食。苍鹭主要是以小型鱼类、泥鳅、虾、喇蛄、蜻蜓幼虫、蜥蜴、蛙和昆虫等动物性食物为食。

苍鹭在南方繁殖的种群不进行迁徙，通常为留鸟；在东北等寒冷地方繁殖的种群冬季都要迁到南方过冬。前些年，在全国各地水域和沼泽湿地都可以看到苍鹭，数量相当普遍。近年来由于沼泽的开发利用，苍鹭生境条件恶化甚至丧失，导致种群数量明显减少。

◎牛背鹭

牛背鹭的身体比其他鹭类稍微有点肥胖，嘴和颈也明显比其他鹭类短粗些。夏羽大多数为白色，头和颈为橙黄色，前颈基部和背中央具羽枝分散成发状的橙黄色长形饰羽。前颈饰羽长直达胸部，背部饰羽向后

长达尾部，尾和其余体羽均为白色。冬羽通体为全白色，个别头顶缀有黄色，没有发丝状饰羽。

※ 牛背鹭

牛背鹭主要栖息于平原草地、牧场、湖泊、水库、山脚平原和低山水田、池塘、旱田和沼泽地上。通常以蝗虫、蚂蚱、蟋蟀、蝼蛄、金龟子、地老虎等昆虫为食，有时也会吃蜘蛛、黄鳝、蚂蟥和蛙等其他动物。

其种类主要分布于长江流域以南各地区，偶尔也见于山东、北京及东北。国外分布于欧洲、非洲等地。由于苍鹭经常啄取耕牛和其他牲畜体上的寄生虫，也吃地上害虫，因此被称为益鸟。

◎关于白鹭鸟的故事

从前，有一位老妇，她双目失明了，丈夫也在很早就去世了，只留下一个儿子，她儿子一直都很孝顺，也很勤劳。

这一年，通过他们的辛苦工作，老妇的儿子终于娶上了老婆，一家三口过得还算不错。为了生活，老妇的儿子去外面打工，每月会定时让别人带钱回来给媳妇，然后嘱咐媳妇要买猪肝给他母亲吃。因为老人没有牙齿，所以只能吃软的东西。她媳妇满口答应，但心里却不是这样想的。心想着，这老太婆都老成这样了，还吃这些好东西。心里就想着怎样应付老妇的儿子。于是她偷偷地养了一些水蛭（海南话叫苦奇）。她每次买猪肝回来煮时，同时也煮苦奇，然后苦奇给母亲吃，而猪肝则是自己吃了。由于母亲双目失明了，看不到，吃的时候味道很香（因为是与猪肝一起煮的），只是吃的时候很难嚼。老妇就问媳妇，媳妇总是说因为煮得有点过火了。这样持续了很长一段时间。

有一天，老妇的儿子回来了，问他妈："媳妇是不是经常给你买猪肝吃啊！"老妇说："是，只是猪肝有点难嚼，不是很软。"她儿子并不知道自己老婆做了手脚。这一次，他自己去买一些猪肝回来，煮了给他母亲吃。他母亲吃后，觉得很好吃，也很软，感觉与以前吃的不一样。于是，她就把之前吃猪肝是怎样的一种味道告诉了他的儿子。听了母亲的话，儿子猜到，可能是媳妇动了手脚，等到媳妇回来时，他就质问媳妇是怎么一回事，他媳妇知道事情败露了，只好将实情告诉了丈夫，说每次煮猪肝时，她吃了猪肝，然后煎水腔给母亲吃。她还说，她养了一些水腔在水缸里，方便每次煮。老妇的儿子听了，马上去揭开水缸，里面果然有一些水腔，水腔还在里面游来游去的，好恶心啊。老妇的儿子看在眼里，火上心头，一把抓起媳妇，一头按到水缸里去，并大声说："你去吃你的水腔吧！"就这样，老妇的儿子把他媳妇杀了。

从此，老妇的儿子再也不娶媳妇了，而是专心在家照顾母亲，直到他母亲老死家中。而他那死去的媳妇则变成了一种鸟，专门吃水腔的，就是我们现在看到的白鹭鸟，也许这就是对她的一种惩罚吧。

拓展思考

1. 你还知道哪些种类的鹭鸟？
2. 鹭是国家几级保护动物？对人类有哪些益处？

翱翔在天空中的鸟类

大型涉禽——鹳类

Da Xing She Qin —— Guan Lei

鹳 分布于非洲、亚洲和欧洲，也见于澳大利亚。常见的主要有白鹳、黑鹳、钳嘴鹳等。

◎外形及习性

鹳没有鸣管，所以不发声或几乎不发声，但有些种类会以击嘴作声的形式来表示自己的兴奋。飞行时颈向前伸，脚向后伸

※ 鹳鸟

直，交替地拍打着翅膀。羽毛灰白色或黑色，嘴长而直，外形与白鹳相似，生活在江、湖、池沼的近旁，捕食鱼虾等。

▶ 知识链接

鹳是一种长颈的大型鸟类，与鹭、红鹳和鹮有亲缘关系。除了在繁殖期离群配对外，多数鹳喜欢群居。白天觅食，多数种类吃浅水滩和田野中的小动物。鹳常在树上和岩石突出部结群营巢。有时白鹳也会筑巢在屋顶和烟囱上。

◎白鹳

白鹳是一种大型的涉禽，体态很优美。它的体长为110～120多厘米，长且粗壮的嘴十分坚硬，为黑色，仅基部缀有淡紫色或者深红色。嘴的基部比较厚，往尖端逐渐变细，并且略微向上翘。眼睛周围、眼先以及喉部的裸露皮肤都为朱红色，眼睛内的虹膜为粉红色，外圈为黑色；身体上的羽毛主要为纯白色。翅膀宽而长，上面的大覆羽、初级覆羽、初级飞羽以及次级飞羽都为黑色，并且具有绿色或紫色的光泽。初

※ 白鹳

级飞羽的基部为白色，内侧初级飞羽和次级飞羽除羽缘和羽尖外，全部为银灰色，向内逐渐转为黑色。前颈的下部有呈披针形的长羽，在求偶炫耀的时候能竖直起来，腿、脚比较长，呈鲜红色。

常在沼泽、湿地、塘边涉水觅食，主要以小鱼、蛙、昆虫等为食。白鹳生性宁静而机警，飞行或步行时的举止都很缓慢，休息时常单足伫立。三月份开始繁殖，筑巢于高大乔木或建筑物上，每窝产卵3～5枚，白色，雌雄轮流孵卵，孵化期约30天。在东北中、北部繁殖；越冬在长江下游及以南地区。

东方白鹳在繁殖期主要栖息于开阔而偏僻的半原、草地和沼泽地带，特别是有稀疏树木生长的河流、湖泊、水塘，以及水渠岸边和沼泽地上，有时也栖息且活动在远离居民区，具有岸边树木的水稻田地带。冬季主要栖息在开阔的大型湖泊和沼泽地带。除了在繁殖期成对活动外，其他季节大多数组成群体活动，特别是迁徙季节，经常聚集成数十只，甚至上百只的大群。时常成对或成小群漫步在水边或草地与沼泽地上觅食，步履轻盈矫健，边走边啄食。休息时常单腿或双腿站立在水边沙滩上或草地上，颈部缩成"S"形。有时也喜欢在栖息地的上空飞翔盘旋。在地面上起飞时需要首先奔跑一段路程，并用力扇动两翅，等到获得了一定的上升力后才能够顺利飞起来。飞翔时颈部向前伸直，腿、脚则伸到尾羽的后面，尾羽展开呈扇状，初级飞羽散开，上下交错，既可以鼓翼飞翔，也能利用热气流在空中盘旋滑翔，姿态轻快并且优美。它的性情机警而胆怯，经常会避开人群。

在冬季和春季主要采食植物的种子、叶、草根、苔藓和少量的鱼类；夏季的食物种类也是非常丰富的，以鱼类为主，也吃蛙、鼠、蛇、蜥蜴、蜗牛、软体动物、节肢动物、甲壳动物、环节动物、昆虫和幼虫，以及雏鸟等其他动物性食物；秋季还捕食大量的蝗虫。另外平时也会经常吃一些沙砾和小石子来帮助消化食物。

翱翔在天空中的鸟类

◎黑鹳

黑鹳的腿较长，胫以下的部分裸出，呈鲜红色，前趾的基部之间有蹼。眼睛内的虹膜为褐色或黑色，周围裸出的皮肤也呈鲜红色。身上的羽毛除胸腹部为纯白色外，其余都是黑色，在不同角度的光线下，可以映出变幻多彩的绿色、紫色或青铜色金属光辉，尤其是以头、颈部的更为明显。

※ 黑鹳

栖息于河流沿岸、沼泽山区溪流附近。黑鹳的食物是以鱼类为主，其次是蛙类、软体动物、甲壳类，偶尔有少量蝼蛄、蟋蟀等昆虫以及夹带吃入的水草。

夏天在中国北方繁殖，秋天飞往南方越冬。迁飞时结群活动，平时则单独活动，繁殖季节成对活动。一年繁殖一窝，每窝通常产卵4～5枚，最多的时候产6枚，最少则产2枚，卵为白色的椭圆形，并且光滑无斑。黑鹳主要在白天迁徙，迁徙飞行时主要靠两翼鼓动着飞翔，有时也会利用热气流进行滑翔。

目前黑鹳大量减少，繁殖地环境条件的恶化是影响黑鹳繁殖力的主要因素之一，特别是化工、冶金、轻工三大工业所排放的废气、废水、废渣等和农业生产所用的化肥、农药等有很多进入各种水域，从而造成污染，这使黑鹳的食物大量减少，直接影响了它们的生长繁殖。

◎黑鹳的故事

在很久很久以前，黄土高原上屹立着一个消瘦且苍劲的身影，因他身穿黑衣而被人称为黑衣侠士。

凡与"侠"字沾边的，自然少不了干惩奸除恶的事，当然也避免不了被暗地追杀。此时，黑衣侠士正被数十个人包围着，而且身受重伤，在几番搏斗后终于杀出一条血路，仓皇而逃。筋疲力尽地奔跑后，他终于甩掉了身后的"苍蝇"，不过他也因为无力倒在一个农家小院门口。

故事就这样开始了。

昏迷了几天后的黑衣侠士终于醒了，他看了看陌生的房间，艰难地下床走到门口。院子里仅有几株梅树稀稀落落的开着，安静极了。正在黑衣侠士暗自疑惑之时，隐约听到叽叽喳喳的小鸡的叫声。紧接着，院门开了，一个身穿白色衣裙、美若天仙的姑娘赶着一群小鸡进来了，姑娘看见门口立一人愣了一下，随即又淡然地笑了："你醒了？"

"醒、醒了，多谢姑娘救命之恩。"口齿伶俐的黑衣侠士不知怎么变结巴了。

"不用谢！我可不是白救你的，能走路了哇？"白衣姑娘旁若无人地走回了屋，倒了杯茶坐下。

"姑娘有何吩咐？只要不违背道义……"黑衣侠士立即抱拳道。

"停！"白衣姑娘打断黑衣的话，一本正经地说："给我的小鸡抓一个月的毛毛虫就行了。"

从此以后，大家看到这样一个场景：白衣姑娘迈着轻快的步伐在前面走着，后面跟着一群毛茸茸的小鸡，再后面就是威风凛凛的黑衣侠士了，只见他东闪一下，西幌一下，数十只小鸡竟然一个也没落下。

阳光明媚的一天，当白衣姑娘在秋千上昏昏欲睡、黑衣侠士照顾小鸡时，来了几位不速之客，黑衣侠士快速将小鸡们赶到白衣姑娘跟前(现在黑衣侠士可爱护这群小鸡了，不过有一次他不小心捻死一只，白衣姑娘硬是让他和那只死小鸡睡了3天)摇醒白衣姑娘，让她带着小鸡先走。只见白衣姑娘站起来伸了个懒腰，手一挥，那些小鸡整齐的朝家的方向走去。黑衣侠士愣住了。不过那些人可没给他那么多发愣的时间，一照面就开打，白衣姑娘则又坐到秋千上饶有兴致的观看。打了半天不见分晓，白衣姑娘无聊的朝黑衣侠士喊道："用不用我帮忙啊？"黑衣侠士一分神差点被砍到，连忙答道："那多谢姑娘了。"只见白衣姑娘抬起手轻轻一挥，那十几个大汉不见了，地上反而多了十几只小鸡。黑衣侠士又愣住了。白衣姑娘拍拍手无奈地说："那你就再帮我喂一年的小鸡好了！"过了半晌，黑衣侠士才结结巴巴地说："你、你、你是妖怪？""你才是妖怪了，我是人见人爱、花见花开，东方见了也不败的仙女！"白衣姑娘无比自豪而又陶醉地说。"那、那这些小鸡都是人变的？""是啊！所以你小心点，惹我不高兴把你也变成小鸡。"白衣姑娘坏坏地说到。

从此，黑衣侠士噩梦般的生活开始了，他看白衣姑娘的眼神除了最初的爱慕，又多了一丝畏惧。

转眼间，黑衣侠士已经喂了半年的小鸡了，由起初的不适已经变为手到擒来，白衣姑娘也做起了甩手掌柜，整天游山玩水。黑衣侠士在江湖上的名号慢慢的已经淡了，有人说他被仇人杀了，有人说他隐居了。

一天，他们又漫步在小河边，夕阳的余晖散在他们身上，像极了一个不真实的梦。白衣姑娘站在河边缓缓的对黑衣侠士说："你已经为我喂了半年的小鸡了吧，以后不用了，你走吧！"

"我……"在黑衣侠士正要说话时，白衣姑娘打断了他的话，又说道："我知道，这半年委屈你了，我把这群小鸡送给你。"黑衣侠士听后马上说："我不要，你不想喂就把它们变回来就行了。""我要是会把它们变回来，早就变了，我只会变小鸡，不过再过半年它们自动就变回来了。"白衣姑娘的声音越来越低。"什么？你只会变小鸡，你是什么仙女啊？"黑衣侠士很受打击地问道。"不关你的事，不要小鸡那你自己走吧！"白衣姑娘转身面向河水大声说道。黑衣侠士默默地看着白衣姑娘纤弱的背影，转身离去。

当白衣姑娘自己回到家里，静悄悄的，白衣姑娘找遍每个角落都找不到一只小鸡。是被黑衣侠士带走了吧！白衣姑娘静静地想，然后又不自觉地流下眼泪。

黑衣侠士赶着一群小鸡不知走了多远、多长时间，他想不通白衣姑娘为什么要赶他走，他想着，一直想着……突然黑衣侠士眼前白光一闪，小鸡不见了，全变成了人。看着那些人迷茫的眼神，黑衣侠士一下子醒悟过来，他以最快的速度跑回家，看到院子里已狼藉一片。发生什么事了，白衣姑娘为什么要支开我？黑衣侠士捡起了一根雪白的羽毛，轻轻擦拭，突然羽毛上出现了墨迹："黑衣，我就知道你会回来的，傻瓜！其实我是一只仙鹤，但被林逋束缚了法力，他霸得梅姑，又拘我们为其子女。我是在我师哥的帮助下偷偷跑出来的，师哥曾偷偷爱上一个凡间女孩，林逋却将那女孩儿陷于沼泽中淹死。最近我感觉他快找到我了，我怕你也会……所以赶你走，但我却很舍不得。你放心吧，我还会再回来的，你一定要等着我。好好照顾自己！"黑衣侠士握紧羽毛，坚定地说到："我一定会等你的。"

"哈哈哈哈……还真是痴情一片啊！"就在黑衣侠士决定去寻白衣姑

翱翔在天空中的鸟类

娘时，突然从半空传来一个声音。

"你就是林逋？白衣呢？"黑衣侠士愤怒的问道。

"肉眼凡胎怎配得我女？若我将你变成一只又大又黑的怪鸟，你说白衣还能认出你么？哈哈哈哈"林逋说完，大手一挥。

黑衣侠士来不及反应，仅仅用手一挡，只见他手中的羽毛发出淡淡的白光，融入黑衣侠士的体内，而黑衣侠士也变成现在我们所看到的黑鹳。

故事到这里就结束了，黑衣侠士一直在寻找着白衣姑娘，他扇动着巨大而有力度的翅膀，找遍了每一个角落，但都没有白衣的踪影。但他还是坚持着，寻找着！

至于白衣姑娘会不会回来？谁也不知道，也可能她根本就没离开。

◎钳嘴鹳

钳嘴鹳是体型较大的鹳，约有 80 厘米左右。体羽有白色以及灰色，冬羽为烟灰色。飞羽和尾羽为黑色。下喙有凹陷，喙闭合时有明显缺口。虹膜为白色至褐色，脸部裸露皮肤为灰黑色，喙为淡绿的角质色或红色，脚为粉红色。钳嘴鹳通常不鸣叫，

※ 一对钳嘴鹳

偶尔发出深沉的哀鸣。主要分布于亚洲南部，通常以鱼类、水蜗牛甲壳动物等为食。

◎关于白鹳的故事

清晨在向海湖的湖面，霞光浸染，鱼儿嬉戏，鸟鸣声声，花吐芳蕊，草木含情。瓦蓝瓦蓝的天空，见不到一丝云彩，只有一群群白鹳从早到晚飞来飞去忙个不停。茂密的黄榆林里，一对对白鹳的家就筑巢安居在伞一样撑开的树冠上。累了渴了，它们就去向海湖洗个清水澡，喝

一口甜甜的湖水。高兴了，它们就在绿茵茵的草地上跳起欢快的舞蹈。不知多少年过去了，它们就这样自由自在地一直生活在这里。

那时候的向海湖，有一段时间，鱼突然越来越少了。在湖边一个村庄，住着一个叫宋晓峰的小伙子。宋晓峰靠打渔为生，在乡亲们的眼中，他是个非常勤快能干的年轻人。虽然他很能吃苦，可每一次他打回来的鱼总是又瘦又少。即使这样，人们也没听到过宋晓峰有过一句抱怨。

眼看着日子一天比一天过得艰难，在这一年夏季的一天，他决定到离村子很远的地方去捕鱼，希望能捕到更多的鱼来贴补家用。他毫不惜力地一次又一次把网撒到河里去，但捕到仍然是一条条很瘦很瘦的小鱼。在接近傍晚的时候，他决定再最后撒一次网，网收上来了，却什么也没有。正在他准备收网回家的时候，他忽然发现，在不远的水边，有一只浑身湿淋淋的白鹳，一瘸一拐地想飞，却怎么也飞不起来，白鹳的脚上还滴着血。看到这样的情景，他怜惜地把白鹳小心翼翼地抱回了家。看着白鹳痛苦的样子，善良的宋晓峰精心地给它包扎好伤口之后，又毫不犹豫地把鱼拿给它吃。懂事的白鹳眼里流下了一串感激的泪水，那泪水一滴一滴落在地上，湿了好大一片。

为治好白鹳的伤，宋晓峰每天都要到很远的地方去采草药，回到家捣碎了、熬好了，然后轻轻敷在白鹳的伤口上。为了给白鹳增加营养，他每天天不亮就起床，去河边捕鱼。让宋晓峰感到惊奇和高兴的是，最近这几天，曾经又瘦又小的鱼不见了，取代它们的是一些零星的大鱼。宋晓峰每一次回到家，都把最大的鱼拿出来给白鹳吃。

看着白鹳一天天的有了精神，宋晓峰的心里有说不出来的高兴，他每天乐此不疲地奔波着、忙碌着，丝毫没有感觉到累。转眼，受伤的白鹳在宋晓峰的精心照料下，身体渐渐康复了，洁白的羽衣在太阳的照耀下像白色的锦缎一样发出夺目的光芒。

一天早晨，宋晓峰起床后，却没有看见白鹳，他很纳闷："白鹳哪里去了呢？难道它不辞而别了？"宋晓峰心里立刻不安起来。到了晚上，仍然没有看见那个熟悉的身影，宋晓峰着急了，他一整天也没有吃一口饭、喝一口水。这样一直熬到第三天中午，宋晓峰在昏昏沉沉的睡梦当中，恍惚听到了那个熟悉的声音，他一翻身从床上爬起来，光着脚跑到外面："啊！真的是白鹳回来了！"阳光下的白鹳脱掉了它白色的羽衣，变魔术一样出落成一位美貌的姑娘。宋晓峰简直不敢相信自己的眼睛，他赶紧把白鹳姑娘让进屋子。白鹳姑娘也不见外，大大方方地走进到了屋里就忙活开来，很快，她就把屋子收拾得干净利落、齐齐整整的了。看到姑娘这么能干，宋晓峰乐坏了，他打心眼里喜欢上了这个白鹳姑娘。于是他真心地请求白鹳姑娘，希望她能把这儿当成自己的家留下来。白鹳姑娘羞答答地答应了下来。

从此以后，白天，她就变成白鹳，在宋晓峰捕鱼的地方舞蹈盘旋。夜深人静的时候，她就变成贤惠、温存的妻子，洗衣做饭不停地忙家务。宋晓峰喜滋滋地享受着夫妻相敬如宾的幸福，感到从未有过的快乐。

可是，好景不长，当天气一天一天渐凉，鹤和雁等都往南飞的时候，白鹳们也要飞到远方去了。白鹳姑娘舍不得和姐妹们分离，晚上的时候，她的眼睛里充满了忧伤。看到妻子忧郁的眼神，宋晓峰的心里很难过。寒冷的冬天马上就要来了，湖面上只剩下最后几只白鹳了，那是白鹳姑娘最好的几个姐妹在等她。终于，有一天，白鹳姑娘伤心地对宋晓峰说："我要离开这里了，到温暖的南方去，等到来年春暖花开，向海湖开化解冰的时候，我就会回来的。"宋晓峰的眼里含满了泪水，他依依不舍地目送着白鹳姑娘和她的姐妹们飞上了天空，渐渐地飞向远方。

自从白鹳姑娘离开以后，向海湖的冬天特别的寒冷，天空中常常飘起硕大的雪花。宋晓峰日夜思念着白鹳姑娘，身体也消瘦了很多。他常常一个人来到当初救回白鹳姑娘的地方，思念着身在远方的白鹳姑娘。

当丹顶鹤的第一声啼鸣划开向海湖的冰面时，捕鱼回家的宋晓峰没有见到白鹳姑娘回来，却发现院子里萌生出一片鹅黄色的嫩草，那是白鹳姑娘飞走时眼泪落下的地方。宋晓峰把那草叶子投到湖里去，湖里的鱼吃了，慢慢地长大了、长肥了，并且也多了。为了记住白鹳姑娘，宋晓峰还给这种草取了个很伤感的名字叫"泪草儿"。

此后，宋晓峰就年年种"泪草儿"，然后投到湖里去，不久，湖里的鱼儿吃了，就成群成群的长，长的又肥又大。远方的人听说了，也慕名搬到这里，并安下家来定居，慢慢的，这里也就变成了一个淳朴热闹的小渔村。

那个关于白鹳姑娘和"泪草儿"的故事也随之流传至今。

翱翔在天空中的鸟类

拓展思考

1. 鹳和鹭有哪些区别？
2. 鹳为国家几级保护动物？

美丽优雅的鹤类

Mei Li You Ya De He Lei

鹤 类在东亚的分布是最广泛的，特别是中国，大约占世界 15 种鹤的一大半，其中较有名的有白鹤、赤颈鹤、丹顶鹤、冠鹤等。鹤在中国文化中有崇高的地位，特别是丹顶鹤，它是长寿，吉祥和高雅的象征，常被人与神仙联系起来，又称为"仙鹤"。

◎鹤的外形特征及习性

外形头小颈长的鹤是鸟类的一种类别，它的嘴长而直，脚细长，羽毛为白色或灰色。喜欢群居或双栖的生活方式，它主要栖息在那些类似沼泽的湿地。常在河边或海岸捕食鱼和昆虫，以捕食小鱼虾、昆虫、蛙蚌、软体动物为主，也吃植物的根茎、种子、嫩芽。善于奔驰飞翔。

※ 鹤

鹤在睡觉的时候会单脚直立，然后把颈回缩，把头放在背上，或是将它的尖嘴插在羽毛中。鹤的巢多筑于沼泽地的草墩上或草丛中，产卵 1～2 枚，雌雄轮流孵化，到 31 天后蛋中小鹤开始啄壳，雌雄双鹤会在旁边一直等到幼雏破壳而出。

▶ 知识链接

全世界有 15 种鹤，除了南美和南极以外，世界其他大陆都有鹤的分布。鹤类起源于西半球，然后扩展到亚洲 9 种鹤类、非洲 6 种鹤类、澳大利亚 2 种鹤类，北美现存的也只有 2 种鹤类。

◎赤颈鹤

头、喉部和颈上部都没有羽毛的赤颈鹤，皮肤为粗糙颗粒状，呈橘红色，颜色在繁殖期间更加明显；平滑的头顶是灰绿色的，而它身体上的羽毛是蓝灰色或者浅灰色的，而让我们好奇的是，它的脚是粉红色的。

赤颈鹤喜欢栖息在开阔平原草地、沼泽、湖边浅滩，以及林缘灌丛沼泽地带，有时也出现在农田地带。常成对或成家族群在水边和原野觅食，尤以清晨和傍

※ 赤颈鹤

晚觅食活动最为频繁。主要以鱼、蛙、虾、蜥蜴、谷粒和水生植物为食。到了 7～12 月的繁殖期，它们会把巢筑在沼泽地带的植物丛中，它们是由水生植物茎、叶筑成的。每窝产卵 2 枚，绿色或粉红白色，具褐色和紫色斑点。

赤颈鹤是鹤类中体型最大的，体长 150 厘米左右，它们的叫声很洪亮，经常是在地面结对时或飞行时鸣叫。

赤颈鹤在国外分布于印度、缅甸、泰国、澳大利亚等地，共分化为 2 个亚种，我国仅有南部亚种，分布在云南盈江和西双版纳等地。由于沼泽湿地开垦为农田，靠近田坝区的低山地带的热带雨林和季雨林被砍伐，种植橡胶等经济林木和作物，使其种类丧失了栖息地。乱捕猎也导致该物种数量下降，处于濒临灭绝的境地。

◎丹顶鹤

因为丹顶鹤的头顶有一处红肉冠，所以由此而得名。它是鹤类中的一种，也是东亚地区所特有的鸟种，因体态优雅、颜色分明，在这一地区的文化中具有吉祥、忠贞、长寿的寓意。

丹顶鹤具备鹤类的三大特征，即三长——嘴长、颈长、腿长。它的羽毛基本上全是白色，头顶的裸出部分是鲜红色的，而喉咙和颈颊部都

是暗褐色的。它的尾巴很短，呈白色，但是它的嘴是灰绿色的，脚是灰黑色的。

丹顶鹤栖息于开阔平原、沼泽、湖泊、海滩及近水滩涂。它喜欢成对或者是结小群生活，但是在迁徙的时候喜欢结大群。它们很谨慎，每当休息的时候都会有一只在放哨。

它们主要以鱼、虾、水生昆虫、软体动物、蝌蚪及水生植物

※ 丹顶鹤

的叶、茎、块根、球茎、果实等为食，但是会随季节的变化而有所变化。

入秋后，丹顶鹤从东北繁殖地迁飞南方越冬。只有在日本北海道是当地的留鸟，不进行迁徙，这可能与冬季当地人有组织的投喂食物，食物来源充足有直接的关系。

过去的丹顶鹤分布区比现在要大得多，越冬的时候更是往南飞，可至福建、台湾、海南等地。丹顶鹤在北方繁殖地受到的威胁主要是由于围垦湿地使沼泽地的面积缩小以及人类干扰，从而导致数量逐渐减少。

◎冠鹤

大约在 20 世纪引进我国的冠鹤，主要产于西非塞内加尔到中非的尼日利亚，主要有西非冠鹤和东非冕鹤 2 个种类。

西非冠鹤通体为黑色，在它们的枕部有无数条的土黄色的绒丝向四周放射着，形成了一个美丽的绒球，那就是它的冠羽。更特别的是它的鼻孔位于中部，而且它的额头是向外凸出的。它的

※ 西非冠鹤

面颊上白下红，与乌黑色的额羽形成了鲜明的对比色彩。它的颈也是很

长的，羽毛的颜色为灰白色，在喉部还有一个玫瑰色的肉垂，它的脚趾是蓝黑色的。

冠鹤性喜集群，常几十只或几百只集群在开阔的沼泽地区。该鹤是鹤类中的"歌、舞"明星，雌雄鹤均能歌善舞，尤其在每天的清晨和傍晚，常常集体引颈展翅高歌。并且喜欢在植物丰盛的水边觅食小鱼、蝌蚪、昆虫、小爬行类、蛙类和各种植物嫩芽。冠鹤生性不怕人，常常喜欢跟在人的后面。

东非冕鹤分布于非洲的乌干达、刚果、南非等地，它常常喜欢生活在沼泽地带，而且还是群居生活，主要是以鱼、昆虫、蛙等小型的水生动物和植物的嫩芽为食物。

※ 东非冕鹤

在非洲广泛地流传着一个关于东非冕鹤的故事。古时候，有一位国王在一次私访时，在沙漠里迷了路。他孤零零一个人，又急又渴，对生存几乎绝望了。这时飞来一群鹤，引他回到绿洲。为了报答鹤的救命之恩，国王把自己的金王冠赐给鹤，并亲手戴在鹤的头上，而且当众宣布："从今天起，所有的人都要像尊重我一样尊重鹤。"但是自此以后，人们并没有尊重鹤，而是去捕杀它来夺得金王冠，由于国王的一句话反而给鹤带来了灾难。国王在了解到真实的情况后，就重金请来一位巫师，用仙术把鹤头上的金冠变成了羽冠，永远戴在鹤头上，使它成了给非洲大陆增辉的鸟。

在乌干达还有很多赞美东非冕鹤的富于神话色彩的传说。据说有一天，一对东非冕鹤正在如醉似痴地欢跳，突然"嗖"的一声，一支锋利的箭头正好射中雌鸟的头部，顿时流出殷红的鲜血，雌鸟惨死在箭下，雄鸟从此哀鸣不已，无数的东非冕鹤都来泣别、送葬，此情此景不仅感天动地，也使放箭的猎人愧疚终生。还有一次，一位农夫在田野里干活，见到草丛中有一个东非冕鹤的巢，巢中有几枚圆滚滚的鸟卵。他顿生歹念，便偷食了一枚鸟卵。不料，霎时就有成群上百只东非冕鹤一齐飞来，将这个偷食鸟卵的农夫团团围住，将他啄得鼻青脸肿，抱头鼠窜。这些动人的传说，赞颂了东非冕鹤彼此相亲相助的美德，并以东非冕鹤通天神的想象，表达了乌干达人对它的尊崇。这些天灵报应的传说，也是人们用来警告那些不法之徒，以制止捕杀、保护鸟类的一种办法。

◎白鹤

白鹤头的前半部为红色裸皮，嘴和脚也呈红色；除了初级飞行的白鹤之外，其他的羽毛全部是白色，在站立的时候，黑色初级飞羽是不容易看到的，到飞翔的时候在黑色的翅端才会显得明显。白鹤的虹膜是黄白色的，脚和嘴都是肉红色的。

※ 白鹤

白鹤是对栖息地最挑剔的鹤类，它只对浅水湿地钟情。东部种群在俄罗斯的雅库特繁殖，不在北极苔原营巢，也不在近海河口低地和河流浅滩或高地营巢，只喜欢低地苔原，常常出现在大面积的淡水和开阔视野的沼泽地带。

白鹤在繁殖地为杂食性，其食物主要包括植物的根、地下茎、芽、种子、浆果以及昆虫、鱼、蛙、鼠类等。冬季时，会有雪覆盖植物，植物性食物难以得到时，白鹤主要以旅鼠和鼠等动物为食；当5月中旬气温低于0℃时，白鹤主要吃蔓越桔；当湿地化冻后，它们吃芦苇块茎、蜻蜓稚虫和小鱼；在筑巢季节主要吃植物，有藜芦的根、岩高兰的种子、木贼的芽和花蔺的根、茎等。

在南迁途中，白鹤在内蒙古大兴安岭林区的苔原沼泽地觅食水麦冬、泽泻、黑三棱等植物的嫩根以及青蛙等。在越冬地区——鄱阳湖边，主要挖掘水下泥中的苦草、马来眼子菜、野荸荠、水蓼等水生植物的地下茎和根为食，约占总食量的90%以上；其次，也会吃少量的蚌肉、小螺和沙砾等。

白鹤是候鸟，到秋天和春天时集成大群迁徙。这也给白鹤的生命造成了很大的威胁。白鹤迁徙飞行时排成"一"字形或者排成"V"字形。迁移时最主要的能量来源就是体内脂肪。所以它们要在迁徙前吃饱喝足。在食物资源丰富的中途休息觅食的时候，白鹤短短几天就可以让体重增加一倍，这种觅食效率是很惊人的。

在鸟类濒临绝种的各种因素中，栖息地破坏以及改变占60％，人类捕杀占30％左右，其次是外来引入种群竞争、自身繁殖成活率低、国际性的环境污染等，可见，人类破坏环境和捕杀是主要原因。白鹤的栖息地最主要的只有一个鄱阳湖。生活地稀少、食物来源就少。在这个保护区内除了白鹤，还有其他鸟类与它们竞争食物，因此成了白鹤的数量正在逐渐减少的直接原因。

◎白鹤的传说

很久很久，珠江边上有一个叫黄村的小村庄，村子东边的园子里，住着一个孤寡老头，这老人一生勤奋劳动，遗憾的是没有老伴也没有子女。有一天清晨，老人看到园子的篱笆有些破残，就拿了柴刀砍了些竹子修补篱笆。突然，一阵阵鹤鸣声传来，只见天空飞来一群美丽的白鹤。这时，只听"砰"的一声猎枪响，白鹤们"呼"地一声飞走了。不一会儿老人听到附近有几声凄凉的鹤鸣声，他寻声看去，只见一只小小的白鹤倒在一条水沟边鸣叫，显然是被击中了。老人急忙将白鹤抱回屋中，洗去白鹤身上的血迹，将一块刀片烧红，取出了小白鹤身上的枪弹，然后到深山里采来草药敷在白鹤伤口上。在老人的精心照料下，小白鹤的伤口慢慢好了起来。

白鹤伤好之后，天天伴在老人身边，老人也曾将其带到很远的地方放生，可是当老人回到家中时，只见白鹤早飞了回来。三年来，白鹤和老人形影不离。有一次老人外出，白鹤留在家中，就在这天上午，有三个贼跑到老人家里，白鹤在屋里大声鸣叫，刚好被路过的村民听见赶来，三个小偷落荒而逃。老人回家后，村民将此事告诉了老人，从此老人对这只白鹤更加珍爱了。可是有一次，老人出远门，三天后回来时，发现白鹤被人毒死了。老人伤心不已，将其埋在了东边的篱笆下。

就在埋葬白鹤的第三天晚上，老人做了一个奇特的梦，梦见一个白衣少女从半空飘然而下，来到自己的屋内，帮他做饭，打扫屋子，老人

翱翔在天空中的鸟类

惊疑不已，一时惊醒。老人并没有把这个梦当回事，认为是自己思念白鹤过于深切，所以才会梦见白衣少女。可是第二天中午，老人正在吃午饭，一个十三四岁的少女衣衫褴褛地来到他家门口要饭，老人一见，几乎惊呆，这个少女与自己梦中所见的白衣少女长得一模一样。老人把少女让进了屋内，少女也不客气，就在老人家留了下来。从此老人和少女父女相称，说也奇怪，这少女就爱穿白衣服，人们联想到老人曾经养过的白鹤，所以又叫她白鹤少女。少女真是越长越漂亮，天天为老人挑水做饭，扫地泡茶，让老人尽享天伦之乐。人家都说老人有福气，到老了还收养了这么一个漂亮的女儿。若干年后，老人去世，有人说在埋葬老人三天后，见白衣仙女如白鹤般飞向空中飘走了。但从此以后，每年清明节前后，都会有一只美丽的白鹤飞到老人的墓前鸣叫三声，凄然离去。老人救白鹤和收养白衣少女的事很快在广州传开，大家都认为黄村是个吉祥之地，纷纷搬来居住，黄村逐渐发展成为一个大村庄。人们为了纪念老人和白鹤的故事，便把这个地方叫做白鹤洞。

◎关于鹤的传说

北美的印第安部落中流传着这样一个传统的美国故事，它讲述了鹤如何得到它们的长腿和红冠：

很久很久以前的一天，兔子决定到月亮上去。它向所有强壮的飞鸟求助，如鹰和隼，但是它们都因太忙或者不能飞得那么高，因此无法帮助兔子实现愿望。

鹤听说了兔子的想法，就一口答应带兔子飞到月亮上去。兔子抓住鹤的双腿，它们开始向上飞去。到达月亮之后，兔子摸了摸鹤的头，头就变成了红色。这是兔子答谢鹤的礼物，自那以后，鹤一直带着红冠。由于兔子比较重，鹤的双腿在飞行过程中也被拉长了，于是鹤腿成了现在的模样。

拓展思考
1. 你还知道鹤的其他种类吗？
2. 鹤数量减少的原因有哪些？

翱翔在天空中的鸟类

可爱的鸟——鹬类

Ke Ai De Niao —— Yu Lei

鹬 在迁徙期间多集中在海滨和内陆泥滩，分布遍于全世界，中国有14属38种，主要常见的有：白腰杓鹬、矶鹬、小青脚鹬等。

◎鹬的外形特征

鹬属于中型鸟类，嘴形直，有时微向上或向下弯曲；鼻沟长度远超过上嘴；雌雄羽色及大小相同，跗蹠后侧大多具有盾状鳞，前缘也具盾状鳞；趾不具瓣蹼。羽毛为茶褐色，嘴、脚都很长，上体通常为杂黑褐色，尾和体侧具有横斑。栖息于海岸、沼泽、河川等地。飞翔能力强，飞行时颈与脚都会伸直。取食甲壳动物、昆虫和植物。在沼泽、河川附近的草丛中筑巢。

※ 鹬

通常把巢筑在地面浅陷处，铺以草茎枝叶。每窝产卵 4 枚，卵为橄榄黄色，并且有黑色以及褐色斑点。常常是雄鸟孵卵和照料幼雏。因此，雏鸟为早成性。

▶知识链接

鹬飞行十分迅速，降落时常滑翔，受惊扰时它们会高声喧噪。在大群中，如有一部分鸣叫，其他的也跟着鸣叫不已。其种类分布于中国大部分地区的为旅鸟。

◎白腰杓鹬

白腰杓鹬头顶以及上体为淡褐色，背为黑褐色羽干纹，从后颈直到上背羽干纹逐渐增宽，到上背则呈块斑状。翼上覆羽具锯齿形，为黑褐色羽轴斑。三级飞羽具有黑褐色长形斑，初级和次级飞羽为黑褐色，具有淡色横斑，外侧 5 枚初级飞羽内翈，其他的飞羽内外翈均具锯齿状白色羽缘。第一枚初级飞羽羽干白色，下背、腰及尾上覆羽白色，下背具细的灰褐色羽干纹。尾上覆羽则变为较粗的黑褐色羽干纹，尾羽也是白色具有细窄黑褐色横斑。脸淡褐色，有着褐色细纵纹。颏、喉灰白色，前颈、颈侧、胸、腹棕白色或淡褐色，具灰褐色纵纹；腹、两胁白色，具黑褐色斑点；下腹和尾下覆羽为白色，腋羽和翼下覆羽也为白色。

※ 白腰杓鹬

白腰杓鹬主要栖息于森林和平原中的湖泊、河流岸边与附近的沼泽地带、草地以及农田地带，也出现于海滨、河口沙洲和沿海沼泽湿地，尤其是在冬季。白腰杓鹬主要以甲壳类、软体动物、蠕虫、昆虫和昆虫幼虫为食，偶尔也啄食小鱼和蛙。常边走边将长而向下弯曲的嘴插入泥中寻觅食物。

其种类分布于欧亚大陆及非洲北部，包括整个欧洲、北回归线以北的非洲地区、阿拉伯半岛以及喜马拉雅山等以北的亚洲地区。非洲中南部地区，包括阿拉伯半岛的南部、撒哈拉沙漠以南的整个非洲大陆等地区。

◎矶鹬

矶鹬是鹬科的一种，为候鸟；喙短，性活跃，翼不到尾部。上体褐色，飞羽近黑；下体白，胸侧具有褐灰色斑块。特征为飞行时翼上具有白色横纹，腰部没有白色，外侧尾羽无白色横斑。翼下有着黑色和白色横纹。虹膜为褐色，喙为深灰，脚为浅橄榄绿。栖息于低山丘陵和山脚平原一带的江河沿岸、湖泊、水

※ 矶鹬

库、水塘岸边，也出现于海岸、河口和附近沼泽湿地，尤其是在迁徙季节和冬季。

经常出现在湖泊、水塘及河边浅水处觅食，有时也在草地和路边寻找食物。主要以夜蛾、蝼蛄、甲虫等昆虫为食，也吃螺、蠕虫等无脊椎动物和小鱼以及蝌蚪等小型脊椎动物。常单独或成对活动，非繁殖期也会结成小群。常活动在多沙石的浅水河滩和水中沙滩或者江心小岛上，停息时多栖于水边岩石、河中石头和其他突出物上，有时也栖于水边树上，停息的时候尾巴会不断上下摆动。

国外繁殖于古北界以及喜马拉雅山脉；冬季南飞至非洲、印度次大陆、东南亚并远到澳大利亚。国内繁殖于黑龙江、甘肃、青海、新疆等地，主要在长江流域、云南、海南岛和台湾等东南沿海省区过冬。

◎小青脚鹬

小青脚鹬上体为黑褐色，羽缘为灰色，次级飞羽为灰色，下背和尾上覆羽为白色，后部具少许窄的黑色横斑。额、头的两侧和整个下体为白色。该物种分布区域狭窄，数量稀少，在中国主要分布于长江以南的沿海各省以及海南、台湾等省区。

小青脚鹬的巢主要由落叶松的树枝、苔藓以及地衣构成。繁

※ 小青脚鹬

殖期主要栖息于稀疏的落叶松林中的沼泽、水塘和湿地上，非繁殖期主要栖息于海边沙滩、开阔而平坦的泥地、河口沙洲和沿海沼泽地带。

常单独在水边沙滩或泥地上活动和觅食。觅食时经常会低着头，嘴朝下，在浅水地带来回奔跑。主要以水生小型无脊椎动物以及小型鱼类为食，常涉水到齐腹深的水中去觅食。性情胆小而机警，稍有惊动就会立刻起飞。

◎鹬蚌相争的故事

鹬鸟和翠鸟在河边争夺一条大鱼，渔翁发现后，用渔叉刺去，没有击中。鹬鸟趁机抢走大鱼，逃之夭夭。一只河蚌敞开胸怀在沙滩上晒太阳。翠鸟又啄到一条泥鳅，泥鳅挣扎滑落，正好掉在河蚌身上被夹住

了，翠鸟想要从河蚌壳里夺回泥鳅，鹬鸟又飞来赶走翠鸟，想与河蚌争夺泥鳅。于是，鹬鸟与河蚌在沙滩上进行了一场智慧与心理的争斗。虽然泥鳅被鹬鸟吞下肚子，但是它的一条腿被河蚌夹伤了。双方都不肯善罢甘休，争斗又继续下去。鹬鸟佯装打盹，河蚌慢慢张开两壳，伺机进攻。鹬鸟出其不意猛然回头啄去，早有准备的河蚌立刻合拢，把鹬鸟的长喙死死夹住。这时，早已守候在芦苇中的渔翁却趁机把它们一起捕获。

◎故事（二）

一天早上，蚌在岸上晒着暖暖的太阳。忽然，一只鹬飞来看见了蚌，心想：又可以美味一顿了。于是，鹬鸟把嘴伸进了蚌壳里面。"咔嚓"一声，蚌用壳夹住了鹬嘴。

蚌说："过两天后你没食物吃会饿死的。"

鹬鸟不服气地说："别得意，过两天后你不回河，也是会渴死的。"

它们两个互不相让地吵起架来，鹬鸟就带着蚌飞了起来。它们俩吵昏了头，竟然飞到了渔夫家。渔夫在磨刀，他见状拿着刀急忙冲出了家门，捉住了鹬和蚌。渔夫开心地说："哈哈，今天运气可真好，得来全不费工夫，能美餐一顿了。"

鹬看到渔夫手中亮光闪闪的刀，心想：就这样等死吗？当然不会。鹬对蚌说："我们逃出去吧！你逃你的，我逃我的。"蚌生气地说："你把我弄到这里来，可我没脚呀！怎么逃？"鹬灵机一动，说："你咬用力点，我带你飞走。"话音刚落，"嗖"地一声飞出去了。

渔夫冲出家，狠狠地吐了口水，说："呸，今天的运气真不好。"

自这件事后，鹬和蚌就不再吵架了。

| 拓展思考 |

1. "鹬蚌相争，渔翁得利"是什么意思？
2. 鹬和鹭有什么不同之处？
3. 我国把鹬列为几级保护动物？

翱翔在天空中的鸟类

稀有物种——鹮

Xi You Wu Zhong —— Huan

除了南太平洋岛屿之外，鹮分布于所有温暖地区。主要种类有：彩鹮、朱鹮、白鹮、红鹮等等。中国分布的有白鹮和少见的朱鹮。

◎鹮的外形及特征

鹮颈和脚都很长，脚适于步行；嘴形侧扁而直；眼先裸出；胫的下部裸出；后趾发达，与前趾同在一平面上。主要栖于水边或近水地方，通常食用小鱼、虫类及其他小型动物。在高树或岩崖上营巢，雏鸟为晚成性。

鹮行于浅湖、湖泊、海湾和沼泽，用细长、下弯的嘴寻找小鱼和软体动物为食。飞行时颈和脚伸直，交替地拍动翅膀和滑翔。常聚集成大群繁殖，在灌丛和树林下层以树枝建造结实的巢。

※ 鹮

▶ 知识链接

产于阿拉伯南部和非洲撒哈拉以南的圣鹮，体长约75厘米，体毛为白色，翅膀为黑色，后背羽毛色较深，有黑色裸露的头和颈；从前也见于埃及，埃及人把鹮鸟当作圣鸟。

◎彩鹮

彩鹮体长约 60 厘米，体羽颜色艳丽。全身羽毛以栗紫色为主，略带有绿色的金属闪光。身体大、腿长，体型类似于朱鹮，但比朱鹮要小些，有着细细长长的喙。

彩鹮栖息于浅水湖泊、沼泽、河流、水塘、水淹平原、湿草地、水田、水渠等淡水

※ 彩鹮

水域，有时也到海边水泡、沼泽、河流、入海口以及其他海域环境。彩鹮性喜群居，而且经常与其他的一些鹮类、鹭类集聚在一起活动。主要以小鱼、软体动物、甲壳动物、蠕虫以及甲虫为食物。在寻找食物的时候，它们把细长而微微向下弯曲的喙伸进泥水里探寻食物。

彩鹮白天活动和觅食，晚上飞到离觅食水域较远地方的树上栖息，飞行时头颈向前伸直，脚伸出到尾羽的后面。两翅扇动比较快，滑翔技巧也很好，善于飞行，通常飞行距离较远。有时飞得很高，然后又头朝下的急剧落下。

彩鹮分布于欧洲南部、亚洲、非洲、美洲中部，包括中国的上海、浙江、福建、广东等地，该物种的原产地在奥地利、意大利。

最近几十年来，由于它们赖以生存的栖息地——沼泽地不断消失和河湖面积的日渐缩减，使它们的数量逐渐减少。

◎东方明珠——朱鹮

朱鹮雌雄的羽色相近，体羽为白色，羽基微染粉红色。后枕部有长的柳叶形羽冠；额至面颊部皮肤裸露，为鲜红色。初级飞羽基部粉红色较浓。嘴细长而末端下弯，长约 18 厘米，黑褐色带红端。腿长约 9 厘米，为朱红色。属于国家一级保护动物，朱鹮是稀世珍禽，过去在中国

翱翔在天空中的鸟类

东部、日本、俄罗斯、朝鲜等地曾有较广泛的分布，由于环境恶化等因素导致种群数量急剧下降，从 20 世纪 70 年代开始，在野外已失去了踪影。

※ 朱鹮

朱鹮对环境的条件要求较高，只喜欢在具有高大树木可供栖息和筑巢，附近有水田、沼泽地带可供觅食，且天敌相对较少的幽静环境中生活。晚上在大树上过夜，白天则到没有施过化肥、农药的稻田、泥地或土地上，以及清洁的溪流等环境中去找寻食物。

朱鹮生活在温带山地森林和丘陵地带，大多邻近水稻田、河滩、池塘、溪流以及沼泽等湿地环境。它们性情孤僻而沉静，胆怯怕人，平时都会结成对或者小群活动。

朱鹮的食物有鲫鱼、泥鳅、黄鳝等鱼类，蛙、蝌蚪、蟾蜍等两栖类，蟹、虾等甲壳类，贝类、田螺、蜗牛等软体动物，蚯蚓等环节动物，蟋蟀、蝼蛄、蝗虫、甲虫、水生昆虫及昆虫的幼虫等，有时还吃一些芹菜、稻米、小豆、谷类、草籽、嫩叶等植物性的食物。

它们在浅水或泥地上觅食的时候，常常会将长而弯曲的嘴不断插入泥土和水中去探索，一旦发现食物，会迅速的吃掉食物。休息时，把长嘴插入背上的羽毛中，任凭头上的羽冠在微风中飘动，非常潇洒。飞行时头向前伸，脚向后伸，鼓翼缓慢且有力。在地上行走时，步履轻盈、迟缓，显得闲雅而矜持。它们的鸣叫声与乌鸦很相似，除了起飞时偶尔鸣叫外，平时会非常沉默。

春季是朱鹮的繁殖季节，这时成年的雄鸟和雌鸟结成配偶，离开越冬时组成的群体，分散在栓皮栎树等高大的乔木树上去筑巢、产卵。直到 60 天后，雏鸟的羽翼丰满起来，但还远没有发育成熟，它们的羽毛比成熟朱鹮的颜色较深，一般为灰色。

历史上的朱鹮不仅分布广泛而且数量巨大，它是东亚地区非常常见的一个鸟类，到1970年代，中国、日本和苏联的科学家花费大量精力寻找朱鹮但一无所获，一度以为朱鹮已经灭绝。直到 1982 年才在中国陕西南部的汉中洋县发现仅存的 7 只朱鹮，并在此地区建立的专门的保护区，目前中国是世界上唯一有野生朱鹮分布的国家。

朱鹮曾经是分布非常广泛的一个鸟种，历史上西伯利亚、日本、朝鲜、台湾和中国东部北部的很多省份都有朱鹮分布的记录，由于朱鹮的性格温顺，中国民间都把它视为吉祥的象征，称为"吉祥之鸟"。

朱鹮为稀世珍禽，原是东亚地区的特产鸟类，仅在中国、朝鲜及俄罗斯有分布，但 20 世纪 60 年代后都失去了踪影。而朱鹮的高度濒危，则与过度猎杀、森林锐减及广泛施用农药化肥有关。朱鹮的数量急剧下降，分布区域急剧缩小。国际鸟类保护委员会早在 1960 年就已将朱鹮列进了国际保护鸟的名单。

◎关于朱鹮的传说

在很久很久以前，朱鹮长得很难看，嘴巴又黑又长，全身羽毛也是灰色的，就像一只丑小鸭。有一年森林要举行联欢会，所有的鸟都要表演节目，这下可把朱鹮难住了，因为它不会唱歌也不会跳舞。这一天闷闷不乐地朱鹮来到小溪边觅食，看着

※ 朱鹮

自己在水里的倒影，忽然想出一个主意，走模特吧，如果穿上美丽的衣服，大家一定不会觉得我难看了，于是，它采来森林里最美丽的鲜花，给自己做了一顶帽子、一身花瓣衣服、还有一双红鞋子，每天都勤奋地练习步伐。终于在联欢会上，朱鹮的模特表演受到了大家最热烈的掌声。从那以后，朱鹮每天都穿着那身花衣服，每年都为大家表演模特，慢慢地它身上的羽毛开始变成粉色，头和脚也渐渐地变红了，从此森林里又多出了一种美丽的鸟。

翺翔在天空中的鸟类

◎白鹮

白鹮为大型涉禽，全长约 70 厘米。黑色的嘴细长，并且向下弯曲。虹膜为红色或红褐色；脚较短，为黑色。夏季通体的羽毛都是白色，但头部和颈的上部裸露，为黑色，有时缀有蓝色，这是它与其他鹮类的明显区别。背部和前颈的下部有延长的灰色饰羽，翅膀的下面有裸露的深红色皮肤斑，并且顺着翅膀的边缘向下面的两侧延伸，飞行时露出的翼尖为黑色。冬季的羽毛与夏羽

※ 白鹮

大体相似，但背部和前颈没有延伸的灰色饰羽，翅膀下裸露的皮肤斑变为了橙红色。

白鹮栖息于湖边、河岸、水稻田、芦苇水塘、沼泽和潮湿草原等开阔地方。通常结成小群活动、有时也见单独活动在水边或草地上。白天活动，活动时不声不响，平时几乎听不到它的叫声，行走也很轻盈沉着。飞翔的时候头部和颈部向前伸直，脚伸向后面，两翅鼓动缓慢且有力，飞行沉着缓慢，但是比其他鹭类和鹳类要快，偶尔也能滑翔。主要以鱼、蛙、蝌蚪、昆虫、昆虫幼虫、蠕虫、甲壳类、软体动物，以及小型爬行动物等动物性食物为食，有时也会吃植物性食物。觅食在水边浅水处，也在陆地和海岸上觅食。觅食时常沿着水边慢慢行走，并且会时常地把嘴插入水中探觅或啄取表面的食物，也常在水边浅水处或烂泥地上，将长而弯曲的嘴深深的插入烂泥中或者水中探测食物，有时甚至将整个头部和颈部浸入水中。它们主要以鱼、蛙、蝌蚪、昆虫、昆虫幼

虫、蠕虫、甲壳类、软体动物，以及小型爬行动物等动物性食物为食，有时也会吃一些植物性的食物。

　　白鹮的食物一般是蛙类及其他小型水生动物，有时它们也会捕食昆虫。在南非，白鹮的食谱十分广泛且复杂，它们对动物的尸体也很感兴趣。人们甚至经常见到，硕大的白鹮钻进烟囱里掏里边的死鸟尸体来吃。大多数人认为，鸟尸在烟囱中腐烂，招来很多腐食性昆虫，白鹮就是根据这些飞进飞出的昆虫找到死鸟的尸体。白鹮这种取食习性，实际上起到了为人们清除烟道的作用。因此，白鹮在南非有"烟道清理工"的绰号。

◎红鹮

　　红鹮是世界上珍稀、名贵的鸟类之一，也是最濒危的鸟类之一，它全身发红，是世界上颜色最红鸟类物种的之一。红鹮羽色鲜红，它们总是成群的在沙滩、咸水湖、红树林以及沼泽里觅食，并一起在沼泽中的大树上过夜，由于它们的体羽为

※ 红鹮

鲜红色，因此十分显眼。它们的喙细长弯曲，以泥潭中的蟹类、软体动物和沼泽地中的小鱼、蛙和昆虫等小动物为食。它们的叫声高昂而忧伤。飞行时，身影如同一团团跳跃的火焰，鲜红而热烈，浑身上下羽毛全都为鲜红色。时常会结成大群，当红鹮一齐飞起时，半空中就好像一片红云飘起，景象非常壮观。红鹮现今只分布于拉丁美洲的哥伦亚到巴西的部分沿海地带。红鹮除了长喙是黑色的，浑身上下都是红色，其中包括腿和脚趾。红鹮为中型涉禽，有一双伶仃的长腿，长长的脚趾基部有蹼相连，便于在沼泽地取食时不会陷在淤泥里。

　　红鹮主要栖息在南美洲北部，为游牧涉水禽；根据季节变化，在不同的沿海区域和内陆湿地间来回迁移。红鹮喜欢沼泽环境，像海滨泥

地、海湾浅滩等。它们的喙细长而弯曲，主要以泥潭中的蟹类、软体动物和沼泽地中的小鱼、蛙以及昆虫等小动物为食。

它们的叫声高昂而忧伤。飞行时，身影如同一团团跳跃的火焰，鲜红而热烈，浑身上下羽毛都为鲜红色。在空中飞翔时，修长的颈和长腿都竭力伸直，尾羽张开如扇，双翅缓缓地一上一下拍打，优美高雅的造型，从容不迫的飞翔姿态是其他鸟类不可比拟的。

鹮类鸟雌雄羽毛同色，它们的幼雏是晚成鸟，也就是说，不是像小鸡那样出壳就能活动觅食，而要靠亲鸟哺育一段时间。像鸽子一样，鹮类雏鸟从雌雄亲鸟的喉咙里吸取半消化的食物。到了繁殖期，红鹮羽毛颜色加深，红得特别热烈。

| 拓展思考 |

1. 哪种鹮为我国国家一级保护动物？
2. 除了书中的，你还知道有哪种鹮？

翱翔在天空中的鸟类

翱翔的「空中健将」

第三章

AOXIANGDE「KONGZHONGJIANJIANG」

　　在生态系统中，猛禽个体数量比其他类群少，但是却处于食物链的顶层，扮演了十分重要的角色。猛禽的种群比较脆弱，世界上很多国家都把猛禽作为保护的对象。在中国，所有猛禽都为国家级野生保护动物。猛禽鸟类有雕、鹰、鸮、隼等。

大型猛禽—— 雕类

Da Xing Meng Qin —— Diao Lei

雕的体型较粗壮，翅膀以及尾羽长而宽阔，扇翅较慢，常常会在近山区的高空盘旋翱翔，能捕食野兔，大型哺乳动物幼畜等，也喜欢食鼠类。

雕的体羽为暗栗褐色，背面有金属光泽。尾上、尾下覆羽都点缀着白色和棕白色，趾黄色、爪黑色。

※ 雕

嘴黑褐色，鼻孔圆形，区别于其他种类。

雕主要栖息于草原及湿地附近的林地，多在飞翔中或伏于地面捕食，取食鱼、蛙、鼠等动物，也食金龟子、蝗虫。在高山岩石或乔木上筑巢，用树枝、树皮筑成盘状。在世界，雕繁殖于俄罗斯南部、西伯利亚南部、土耳其斯坦、印度西北部及北部、中国北方；过冬是在非洲东北部、印度南部、中国南部以及东南亚至印度尼西亚。在中国，雕繁殖于中国北方，过冬或迁徙经过中国南方，不常见但会定期出现。

◎金雕

金雕俗称洁白雕，以其突出的外观和敏捷有力的飞行而著名；体型较大，全身为黑褐色，体色是雕类与鹰类中最黑的一种。成鸟头颈部为金黄色。幼鸟尾羽基部以及翅膀飞羽的基部为白色，成长后白色部分会逐渐消失。金雕在飞翔时翼长而宽，尾端稍显圆形。

金雕性格凶猛而力强，主要捕食大型的鸟类和中小型的兽类。生活在草原、荒漠、河谷，特别是高山针叶林中，最高达到海拔 4000 米以上。金雕是一种留鸟，遍及欧亚大陆、日本、北美洲和非洲北部等地。在中国的分布的范围也比较广，包括东北、华北、西北、西南，以及东南的局部地区都有分布。

※ 金雕

金雕性格凶猛而力强，捕食鸠、鸽、雉、鹑、野兔，甚至幼麝等。金雕主要捕食大型的鸟类以及中小型兽类，金雕所食鸟类有赤麻鸭、斑头雁、鱼鸥、雪鸡，兽类有岩羊幼仔、藏原羚、鼠兔、兔、藏狐等，有时也会捕食家畜和家禽。

金雕的腿上全部覆盖着羽毛，脚是三趾向前，一趾朝后，趾上都生长着锐如狮虎的又粗又长的角质利爪，内趾和后趾上的爪更为锐利。抓获猎物时，它的爪能够像利刃一样同时刺进猎物的要害部位，撕裂皮肉，扯破血管，甚至扭断猎物的脖子。它那巨大的翅膀也是它最有力的武器之一，有时一翅膀将猎物扇过去，就可以将其击倒在地。

金雕通常单独或成对活动，冬天有时会结成较小的群体，但偶尔也能见到 20 只左右的大群聚集一起捕捉较大的猎物。白天常见它在高山岩石峭壁的顶端，以及空旷地区的高大树上歇息，或在荒山坡、墓地、灌丛等处捕食。它善于翱翔和滑翔，常在高空中一边呈直线或圆圈状盘旋，一边俯视地面寻找猎物，两翅上举呈"V"字形，用柔软而灵活的两翼和尾的变化来调节飞行的方向、高度、速度以及飞行的姿势。

金雕通常筑巢在难以攀登的悬崖峭壁的大树上，飞行速度极快，常沿着直线或圈状滑翔于高空。营巢的材料主要以垫状植物的根枝堆积而成，内铺以草、毛皮、羽绒等。金雕是珍贵猛禽，在高寒草原生态系统中占据着十分重要的地位。

由于金雕的羽毛在国际市场价格昂贵，导致其种类数量逐日减少，目前金雕数量稀少，特别需要人们的保护。

◎关于金雕的故事

一个风和日丽的下午，高高的悬崖上，住着金雕一家。公雕去林子里捕猎。母雕安抚着睡觉的小雕，在温暖的阳光里为它们整理羽毛。这时，丛林里，伸出两个头，一个是麻脸，一个带着墨镜，长了个大鼻子。麻脸向金雕投去贪婪的目光，笑了笑，对大鼻子说："看，那小雕多嫩，卖到野味饭店，肯定赚很多钱"。大鼻子点点头，举起一把带狙击镜的猎枪。

母雕早已发现这一切，它高鸣着呼唤公雕，并飞向大鼻子。大鼻子一枪打向母雕，要把它赶走，好抓小雕。母雕焦急地闪开了子弹，马上退回巢，用身体挡住巢，它知道它斗不过大鼻子和麻脸。

大鼻子对着母雕又射一枪，罪恶的子弹射入母雕的身体，鲜血顺流而下，可母雕死守巢穴，大鼻子生气了，怒叫到："好烦的雕，还不走。"说完便连开数枪。母雕悲鸣一声，摔下山崖。血染红了巢。

大鼻子猛冲下崖底，抛出三爪钩。钩住岩石，向上攀爬。麻脸也走出丛林，大鼻子刚爬了一半，突然感到头部受到撞击，一阵钻心的疼痛，使他跌了下来。大鼻子抱头滚在地上。只见公雕向巢飞去。麻脸掏出手枪开了一枪，击中公雕右翅，公雕落入了树丛里。大鼻子说："快拿医药带，帮我包扎。"麻脸摇摇头说："不救你，到时钱归我一个人。"大鼻子怒喉："你太贪婪了，可恶。"麻脸一生气便枪杀了大鼻子。

麻脸唱着小曲，走向山崖底部，只见公雕飞了过来，麻脸愣住了。也许公雕翅膀受伤的缘故，等麻脸反应过来开枪时才抓到了麻脸的眼睛，麻脸双手捂在流血的眼睛上，向丛林逃去，而刚才那一枪正打中公雕的头部，公雕望着麻脸远去的背影，挣扎在血泊中，许久，许久……

此时，小雕们仍然睡在被母雕的血染红的巢中，睡的那样甜，那样美。它们还不知道父母已经离它们而去……

雕类有很多种，具代表性的雕有：金雕、白肩雕、玉带海雕、白尾海雕、虎头海雕、鹰雕、草原雕、乌雕、白腹山雕、小雕、棕腹隼雕、林雕、白腹海雕、渔雕、短趾雕、蛇雕等。雕是大型猛禽，体形粗壮，翅及尾羽长而宽阔，扇翅较慢，时常会出现在近山区的高空盘旋翱翔。

◎草原雕

草原雕属于大型猛禽，常见于北方的干旱平原。草原雕全长约80厘米。体羽以褐色为主，上体为土褐色，头顶较暗浓。飞羽隐约杂以较浓的褐色横斑。尾黑褐微杂以灰褐色横斑，羽端边缘为白色。下体为暗土褐色，胸、上腹以及两胁杂以棕色纵纹。嘴为黑色，脚为淡褐色。头显得较小而突出，两翼较长，翼展

※ 草原雕

开度较宽。飞行时两翼平直，滑翔时两翼略弯曲。有时翼下大覆羽露出浅色的翼斑似幼鸟。与乌雕相比头显得较小且突出，两翼较长，翼开度较宽。幼鸟体羽为咖啡奶色，翼下具有白色横纹，尾呈黑色，尾端的白色以及翼后缘的白色带与黑色飞羽成对比。翼上具两道皮黄色横纹，尾上覆羽带有"V"字形皮黄色斑。

草原雕主要栖息于开阔平原、草地、荒漠和低山丘陵地带的荒原草地。白天活动，或长时间地栖息于电线杆上、孤立的树上以及地面上，或翱翔在草原和荒地上空。主要以黄鼠、跳鼠、沙土鼠、鼠兔、旱獭、野兔、沙蜥、草蜥、蛇和鸟类等小型脊椎动物以及昆虫为食，有时也会吃动物的尸体和腐肉。觅食方式主要是守在地上或等待在旱獭和鼠类的洞口，等猎物出现时突然扑向猎物，有时也通过在空中飞翔来观察和寻

找猎物。栖息于开阔的草原，常停息在地面或高崖以及枯树上。觅食时飞翔较低，遇见猎获物猛扑下去抓获，有时守候在鼠洞口。草原雕主要是以啮齿动物为食。

其种类分布于口喀则、那曲、阿里、昌都等地。喜欢生活在开阔地面。多单独落在低灌丛的树权上。通常筑巢于悬崖上或山顶岩石堆中，也营巢于地面上、土堆上、干草堆或者小山坡上。巢主要由枯枝构成，里面垫有枯草茎、草叶、羊毛以及羽毛。

草原雕在国外分布于欧洲东部、非洲、亚洲中部、印度、缅甸、越南等地。且并分布于中国大部分地区，但目前在各地都比较罕见，在黑龙江、新疆、青海为夏候鸟。

◎白尾海雕

白尾海雕特征为头以及胸为浅褐色，嘴为黄色且尾呈白色。翼下近黑的飞羽与深栗色的翼下成对比。嘴较大，尾短呈楔形。飞行时与鹫很相似。虹膜、嘴、脚全都为黄色，爪为黑色。它的尾羽也呈楔形，全都为纯白色，且与其他的海雕不同，白尾海雕就因此而得名。

※ 白尾海雕

白天活动，显得懒散，蹲立不动达几个小时。飞行时振翅非常缓慢。主要栖息于沿海、河口、江河附近的宽阔的沼泽地区以及某些岛屿。繁殖期喜欢在有高大树林的水域或森林地区的开阔湖泊以及河流地带活动。

在黑龙江、内蒙古为夏候鸟，甘肃为留鸟，北京、山西、等地区为旅鸟，长江以南、上海、台湾等地为冬候鸟。由于环境污染、生境丧失和乱捕滥猎等人类压力的增加，种群数量在它分布的大多数地区都已经很明显的减少。农民们把一些具有剧毒的杀虫剂大量地喷洒到农田里。

翱翔在天空中的鸟类

青蛙和小鸟食用了中毒的昆虫之后，又间接地成为了白尾海雕的猎物。因为白尾海雕是这一食物链的最后一环。所以，这种毒药在它体内聚集得厉害。沉积在脂肪中的毒药，直接影响到了钙质的新陈代谢，使得鸟蛋的壳变得非常薄，孵蛋时在母鸟的重压下，往往会发生破碎。

◎关于雕的故事

　　禽国和兽国为争地盘发起了战争，黄鼠狼提着秃鹫元帅的头向狮王报功。

　　狮王问："两军交战如何？你是怎样取下秃鹫之头的？"黄鼠狼回答道："秃鹫率领的敌军异常勇猛，我军将士十死九伤，狼元帅身受重伤倒地呻吟。眼看我军将败，我率英勇的鼠家军及时驰援，关键时刻咬断了秃鹫的鸟头。统帅被杀，敌军动摇，随后全面崩溃，因此我军取得了战争的胜利。"

　　狮王听后大喜，给黄鼠狼颁发卫国勋章一枚，并命它为统兵元帅。

　　雕王闻听秃鹫被杀，兽国换了比狼更厉害的黄鼠狼元帅，吓得全身打颤。为防兽国乘胜追击，雕王命令禽国军民回退500里。

　　从前线飞回的禽国士兵追上撤退的雕王，向其讲述战争实况：两军交兵，战斗进行得异常激烈，双方将士十死九伤，秃鹫元帅羽翅全都散落了一地奄奄一息，狼元帅眼珠迸裂倒地将亡。黄鼠狼就趁此机会从鼠洞悄悄爬出，咬断了秃鹫的脖子。禽国将士见主帅被杀，纷纷败逃。

　　雕王得知真相，收回了撤退命令，整顿军队向兽国发起进攻。黄鼠狼奉命率兵迎敌，结果大败，自己也被雕王当场抓住当了俘虏。

　　雕王看了看失魂落魄的黄鼠狼，冷笑着说道："杀死秃鹫元帅的兽国勇士，你还有什么遗言？"

　　黄鼠狼流着泪说："请转告我的后辈们，谎言给你带来荣耀之时，也开始把你带向毁灭了！"

｜拓展思考｜

1. 你知道世界上最大的雕是哪种吗？
2. 雕为国家几级保护动物？

空中强者—— 鹰类

Kong Zhong Qiang Zhe —— Ying Lei

鹰是隼形目鹰科中的一种群，是食肉的猛禽，嘴弯曲锐利，脚爪具有钩爪，性凶猛，食物包括小型哺乳动物、爬行动物、其他鸟类以及鱼类，主要是在白天活动。

◎鹰的特征

鹰与其他众多猛禽的主要区别是它那较大的体型，强健有力、较重的头和喙。上喙尖锐弯曲，下喙较短。趾具有锐利的钩爪，适于抓捕猎物。鹰的视觉敏锐，能在高空飞翔时看到地面上的猎物。鹰性情凶猛，为肉食性鸟类，以鸟、鼠和其他小型动物为食。

※ 鹰

鹰通常将巢筑在很高的树上、或是陡峭的山壁上。许多品种的鹰一次生 2 枚蛋，然而较大的幼鹰时常会杀死孵化后的另一只幼鹰。存活下来的通常为雌鹰，由于它们体型本比雄鹰大，当然亲鸟是不会采取行动阻止这种杀戮行为。其中常见的有苍鹰、雀鹰、赤腹鹰等等。

▶ 知识链接

我国的《野生动物保护法》明文规定：所有的猛禽都属于国家二级以上保护动物，严禁捕捉、贩卖、购买、饲养及伤害。古代埃及托勒密王朝的国玺以及罗马帝国军队的标志都采用鹰的形象，当前仍然有许多国家的国旗或国徽中应用了鹰的图案。

◎关于老鹰的故事

阿尔卑斯山上的小屋里住了一个猎人。猎人养了一只老鹰，帮助他狩猎。他还养了只鹦鹉，教会鹦鹉说话，空闲的时候，猎人喜欢逗弄鹦鹉，消磨时间。

春季某天山下小镇赶集，猎人把腌渍好的猎物肉品准备好，打算换一些生活必需品。猎人高高兴兴带着老鹰和鹦鹉到市集。可是由于匆忙，猎人在途中滑了一跤。滑了一跤不要紧，但是原本停在他肩上的老鹰受到了惊吓，急忙飞起，利爪不小心把猎人抓成了大花脸。猎人难得下山，一年见不到几次朋友，在与朋友见面之前，居然被弄得如此破相，不由勃然大怒。猎人和鹦鹉嘀咕，数落老鹰的不是。鹦鹉说："我平常看老鹰就一脸凶巴巴的样子，虽然它能帮你，但主要还是你出力。我看啊，倒不如养几只鸡，鸡不但温驯，你打猎时，鸡还能生殖小鸡，一举两得。"猎人听了，心里受到鼓动，于是在市集上就用老鹰换了5只鸡。回到山上，猎人按照鹦鹉说的方式打猎、养鸡。然而，阿尔卑斯山区实在太大了，没有老鹰的帮忙，猎人无法掌握猎物的行踪，以至于整个夏季秋季都没什么收获。冬天到了，不习惯山区气候的鸡不但不能如期繁殖，反而在严冬中一只只倒下。没有收获的猎人自己要过冬已经很难了，没有能力再管到鹦鹉，结果鹦鹉也撑不过严冬了。

◎苍鹰

苍鹰为中型猛禽，上体为苍灰色，头顶、枕和头侧为黑褐色；眼上方有白色眉纹；背为棕黑色；肩羽和尾上覆羽有污白色横斑。下体为污白色，胸、腹及腿部羽毛都有黑褐色横斑。嘴为黑色，基部沾有蓝色。脚为绿黄色，爪为黑色。头顶、枕和头侧为黑褐色，枕部有白羽尖，眉纹为白色且夹杂着黑纹；背部棕黑色；胸以下密布灰褐色以及白色相间的横纹；尾呈灰褐色、方形。飞行时双翅展开较为宽阔，翅下为白色，但密布黑褐色的横带。

苍鹰为森林鸟类，栖息在针叶林、阔叶林和混交林的山麓。以啮齿动物、鸟类及其他小型动物为食。捕食的特点为猛、准、狠、快，具有较大的杀伤力，凡是力所能及的动物，都要猛扑上去，用一只脚上的利爪刺穿其胸膛，再用另一只脚上的利爪将猎物的腹部剖开，先吃掉鲜嫩的心、肝、肺等内脏部分，再将鲜血淋漓的尸体带回栖息的树上撕裂后啄食。

◎雀鹰

雀鹰头和背面为青灰色，胸腹部为白色，喉下布满黑色纵纹，胸部以下密缀暗褐色横斑；尾羽长，饰有 5 条黑褐色带斑，末端具白缘。飞行时，两翅后缘略为突出，翼下为白色，布有褐色细窄的横带形斑纹。

※ 苍鹰

雀鹰通常栖息于山地针、阔叶混交林或稀疏林间，有时也出现在村落和溪流临近地带。喜欢在高山幼树上筑巢。它的飞行能力很强，速度非常快，每小

※ 雀鹰

时可达到几百千米。主要捕食田鼠、麻雀等小型动物。雀鹰会长时间的在空中单飞独行，很少停歇，发现目标后，便频繁鼓翼加速，对猎物穷追不舍，把鸟儿驱赶到无处藏身的空旷地上，等到小鸟精疲力竭时再快速将其就擒。

雀鹰繁殖于欧亚大陆，往南到非洲西北部，往东到伊朗、印度、日本和中国北方；越冬地在地中海、中亚、西亚、南亚、东南亚以及中国长江以南。

雀鹰的分布较为广泛，数量较多。它捕食大量的鼠类以及害虫，对于农业、林业和牧业都十分的有益，对维持生态平衡也起到了积极的作

用。因此，雀鹰可驯养为狩猎的帮手。

◎凤头鹰

　　凤头鹰头部具有羽冠，前额、头顶、后枕及其羽冠都为黑灰色；头和颈侧较淡，具黑色羽干纹。上体暗褐色，尾覆羽尖端白色；尾淡褐色，具有白色端斑和1条隐蔽而不甚显著的横带以及4条显露的暗褐色横带；飞羽也具暗褐色横带，且内翈基部为白色。额、喉和胸为白色，额和喉具有一黑褐色中央纵纹；胸具有宽的棕褐色纵纹，尾下覆羽为白色；胸以下具有暗棕褐色与白色相间排列的横斑。虹膜为金黄色，嘴角为褐色或铅色，嘴峰和嘴尖为黑色，口角呈黄色，蜡膜

※ 凤头鹰

和眼睑为黄绿色，脚与趾同为淡黄色，爪角为黑色。幼鸟上体为暗褐色，生有茶黄色羽缘，后颈也同为茶黄色，但稍微具有黑色斑；头具宽的茶黄色羽缘。下体皮为黄白色或淡棕色或者是白色，喉具有黑色中央纵纹，胸、腹具有黑色纵纹以及纵行黑色斑点。野外特征明显，比较容易识别。

　　凤头鹰主要以蛙、蜥蜴、鼠类、昆虫等动物性食物为食，有时也吃鸟和小型哺乳动物。主要在森林中或在地上捕食，经常会躲藏在树枝间，发现猎物时就会突然出击。

　　凤头鹰通常栖息在2000米以下的山地森林和山脚林缘地带，有时也会出现在竹林和小面积丛林地带，偶尔也到山脚平原和村庄附近活动。凤头鹰的性情机警，善于藏匿，常躲藏在树叶丛中，有时也会栖息于空旷处孤立的树枝上。飞行缓慢，也不会很高，盘旋飞行时双翼常往下压或抖动。有时也利用上升的热气流在空中盘旋和翱翔，盘旋时两翼常往下压并且抖动。凤头鹰的领域性很强，在大多数情况下喜欢单独

活动。

4～7 月为繁殖期。营巢于针叶林或者阔叶林中高大的树上，距地高 6～30 米。巢较粗糙，主要由枯树枝堆集而成，内放一些绿叶。营巢位置多在河岸或水塘旁边，一般通常是离水域不远的地方。

凤头鹰在中国主要分布于四川、云南、贵州、广西、海南岛和台湾等地区，是我国国家二级重点保护动物，具有很高的科研价值和观赏价值。

◎条纹鹰

条纹鹰主要吃小动物的大鸟或中小型鸟，草原上的这种鹰，身体比鹞鹰大、比雕小，背部为灰色，腹部具有细窄的锈色横斑，眼睛为红色。它们飞行速度非常快，眼睛能看清楚十几千米外的一只小鸡的任何举动。它们狡诈并且非常的凶险，猎人们很难用枪把它们打下来。但是，有的猎人却用另一种鸟做诱饵，用网将它活捉，用熬鹰的方法，把它训练成为人类卖命的抓兔能手。鹰的种类很多，全世界共有 190 多种，台湾省常见的有 20 多种，分布在台湾岛的中、低海拔的山区、沼泽、海岸、河口，主要是以动物为食，属于中型猛禽类。

条纹鹰分布于北美地区，包括美国、加拿大、格陵兰、百慕大群岛、圣皮埃尔和密克隆群岛，及墨西哥境内北美与中美洲之间的过渡地带等新大陆的大部分地区。

◎赤腹鹰

赤腹鹰也是小型猛禽，翅膀尖而长，因外形与鸽子有几分相似，所以也叫鸽子鹰。头部至背部为蓝灰色，翅膀和尾羽为灰褐色，外侧尾羽有 4～5 条为暗色横斑；整个下体的颜色与其他鹰类都有所不同，喉部为乳白色，胸和两胁为淡红褐色，下胸部具有少数不明显的横斑，腹部的中央和尾下覆羽为白色。虹膜为淡黄色或黄褐色，赤腹鹰的嘴为黑色，下嘴的基部为淡黄色。脚和趾为橘黄色或肉黄色，爪为黑色。

赤腹鹰栖息于山地森林和林缘地带，也见于低山丘陵和山麓平原地带的小块丛林，农田地缘和村庄的附近。常单独或者结成小群活动，休息时大部分都停息在树木顶端或电线杆上。主要以蛙、蜥蜴等动物性食物为食，有时也会吃小型鸟类、鼠类和昆虫。

在中国以及东北亚地区繁殖，冬季时候南迁到东南亚、菲律宾等地。整个中国南半部都有分布、繁殖。迁徙经过台湾以及海南岛。

◎鹰的故事

当一只幼鹰出生后，没享受几天舒服的日子，就要经受母鹰近似残酷的训练。在母鹰

※ 赤腹鹰

的帮助下，幼鹰没多久就能独自飞翔，但这只是第一步，因为这种飞翔只比爬行好一点，幼鹰需要成百上千次的训练。否则，就不能取得母鹰口中的食物。第二步，母鹰把幼鹰带到高处，或树梢或悬崖上，然后把它们摔下去，有的幼鹰因胆怯而被母鹰活活摔死。第三步，那些被母鹰推下悬崖而能胜利飞翔的幼鹰将面临着最后的，也是最关键、最艰难的考验，它们翅膀中大部分的骨骼会被母鹰折断，然后再次从高处推下去……

有的猎人动了恻隐之心，偷偷地把一些还没来得及被母鹰折断翅膀的幼鹰带回家里喂养。但后来猎人发现那被喂养长大的鹰只飞到房屋那么高就会落下来，它那2米多长的翅膀反而成了累赘。

原来，母鹰"残忍"地折断幼鹰翅膀中的大部分骨骼，是幼鹰未来能否在广袤的天空中自由翱翔的关键所在。幼鹰翅膀骨骼的再生能力很强，只要在被折断后仍能忍着剧痛不停地振翅飞翔，使翅膀不断充血，不久便能痊愈，而痊愈后的翅膀则似神话中的凤凰一样死后重生，并且将会生长得更加强健有力。如果不这样，幼鹰也就失去了仅有的一个机会，它也就永远与蓝天无缘。

| 拓展思考 |

1. 鹰都有哪些特点？
2. 鹰与雕有什么区别？

翱翔在天空中的鸟类

肉食鸟——鹫类

Rou Shi Niao —— Jiu Lei

鹫是一种大型的猛禽，毛羽为深褐色，体形较大而雄壮，有着钩状形的嘴，它的视力十分敏锐，腿部长有着羽毛，主要捕食野兔和小羊等。

◎秃鹫

秃鹫又叫秃鹰、座山雕，一般是指一类以食腐肉为生的大型猛禽。除了南极洲及海岛之外，差不多分布在全球每个地方。

秃鹫形态比较特殊，可供观赏，它的羽毛有较高经济价值。在牧区，秃鹫受到民间保护，但 20 世纪 90 年代以来，常有人捕杀秃鹫制作标本，作为一种特殊的时尚装饰，再加上秃鹫本身的繁殖能力就比较低，使此种类的数量有了一定的锐减。

※ 秃鹫

◎秃鹫的外形特征及习性

秃鹫体形硕大，长约 100 厘米，体羽为深褐色。具松软翎颌，颈部为灰蓝色。幼鸟脸部近黑，嘴黑，蜡膜为粉红；成鸟头裸出，皮为黄色，喉及眼下部分也为黑色，嘴角质色，蜡膜为浅蓝色。幼鸟的头后面常具有松软的簇羽，飞行时更易与深色的雕类相混淆。两翼长而宽，具平行的翼缘，后缘明显内凹，翼尖的 7 枚飞羽散开呈深叉形。秃鹫的尾短呈楔形，头及嘴很强劲且有力。

秃鹫从不捕杀活着的动物。相反，它们是以腐肉为食。腐肉是已死亡的动物的尸体。有些秃鹫也吃土狼或狮子这些猎食者吃剩下的残余物，被称为"草原上的清洁工"。秃鹫也捕食一些中小型兽类。与其他鸟不一样，秃鹫的脚较弱。也许这与它们不使用脚来捕捉猎物有关。秃鹫的头和脖子都是光秃秃的，这样有助于在它们食用腐肉时，还能保持清洁。

秃鹫在争食时，身体的颜色会发生一些有趣的变化。平时它的面部是暗褐色的，脖子是浅蓝色的。当它正在啄食动物尸体的时候，面部和脖子就会出现鲜艳的红色。这是在警告其他秃鹫：赶快走开，不要靠拢过来。然而当身强力壮的秃鹫气势汹汹地跑来与之争食的时候，一旦招架不住，无可奈何地败下阵来，这时，它的面部和脖子马上从红色变成了灰白色。胜利者趾高气扬地夺得了食物后，它的面部和脖子也就变得红艳如火了；失败者开始平静下来，也就逐渐恢复了原来的体色。根据这些体色的变化，人们便可以知道秃鹫体力的强弱了。

在猛禽中，秃鹫的飞翔能力是比较弱的，好在它找到了一种节省能量的飞行方式，也就是滑翔。这些大翅膀的鸟儿们，在荒山野岭的空中悠闲地漫游着，用它们特有的感觉，捕捉着肉眼看不见的上升暖气流。它们依靠上升暖气流，舒舒服服地继续升高，从而方便向更远的地方飞去。

秃鹫每窝产卵1～2枚，带有污迹的白色卵，多少还具有深红色条纹和斑点。雌雄都会参与孵卵，孵卵期约55天。雄秃鹫每天辛辛苦苦地四处觅食，一回到家里，马上就会张开大嘴，把吞下去还未消化的食物全部吐出，先给雌鸟吃较大的肉块，然后再耐心地给幼鸟喂碎肉浆。秃鹫的胃口很大，每次都会吃到脖子都被装满为止。

秃鹫主要栖息于低山丘陵和高山荒原、森林中的荒岩草地、山谷溪流以及林缘地带，冬季偶尔也到山脚平原地区的村庄、牧场、草地以及荒漠和半荒漠地区。常常会单独活动，偶尔也会结成小群，特别是在食物丰富的地方。白天活动时常在高空悠闲地翱翔和滑翔，有些时候也会进行低空飞行。翱翔和滑翔时两翅平伸，初级飞羽散开呈指状，翼端会微向下垂。休息时多站于突出的岩石上、电线杆上或者树顶的枯枝上。秃鹫不善于鸣叫。它们主要是以大型动物的尸体为食，然而在进餐之前，总是先将尸体的腹部啄破撕开，然后将光秃秃的头部伸进腹腔中，把内脏吃得干干净净。它也常在开阔而较裸露的山地和平原上空翱翔，窥视动物尸体，偶尔主动攻击中小型兽类、两栖类、爬行类和鸟类，有时也会袭击家畜。

▶知识链接

中医传统理论认为秃鹫除去内脏与羽毛，取肉和骨骼。肉有滋阴补虚的功能，骨有软坚散结的功能，治甲状腺肿大，因此被人们利用。

◎黑兀鹫

黑兀鹫是热带地区特有的大型猛禽，全身大部分羽毛为黑色。主要分布于东南亚热带地区，在我国仅见于云南，为留鸟，其种类比较罕见。

※ 黑兀鹫

黑兀鹫是大型猛禽，体长 80～83 厘米，双翼展开 200 厘米。身体各部分的颜色相对于秃鹫来说有很大的差异。虹膜为黄色或红褐色；嘴粗大而强壮，并且为暗褐色，下嘴基部为黄色；蜡膜为橘红色，鼻孔类似于椭圆形状。腿后边裸露的皮肤为暗橙红色，脚为暗红色或肉色。体形比较粗壮，头部和颈部裸露无羽，露出橘红色的皮肤，颈部的两侧各有一个从头后面的耳部下方悬垂下来的巨大肉垂，其颜色也是橘红色。耳部有一圈黑色的刚毛，颊部、眼先和头顶的两边也有少许黑色的刚毛。颈部下方的撮羽和腿部羽毛为白色，其余羽毛均为黑褐色，上体还具有金属的光泽。飞翔的时候黑色的翼下有一条白色的横带，前胸和后胁的白斑与通体的一片黑色形成鲜明的对照，反差极为强烈，即使在高空飞翔的时候也清晰可辨。

黑兀鹫栖息于开阔的低山丘陵、农田和小块丛林地带，有时也进到茂密的森林地区。性情大胆而好斗，常常会单独或者结成对活动，在地面上寻食的时候会聚集为小群。主要以动物尸体为食，有时也捕食鸟类和小型兽类。繁殖期为 12 月～次年的 1 月，有时候也会在 2～3 月。通常筑巢在村庄附近的果园和农田等开阔地区的树上，偶尔也在森林地区、稀疏灌丛地区或丛林中的树上营巢。雄鸟和雌鸟共同建造营巢的工作中，通常雄鸟寻觅巢材，雌鸟筑巢。雌鸟每窝产卵 1 枚，白色且有着红色的斑点。由亲鸟轮流孵卵，孵化期为 45 天。黑兀鹫在国外分布于印度、缅甸、泰国、老挝和马来西亚等地，在我国仅见于云南。

◎胡秃鹫

胡秃鹫全身羽色大部分都为黑褐色，它的名字是由于吊在嘴下的黑色胡须而得来的。头部为灰白色，有黑色贯眼纹，向前延伸与额部的须状羽相连。后头、颈、胸和上腹均为红褐色，后头和前胸上有着黑色斑点。背部和两翼为暗褐色，有细白色斑纹，尾灰黑色呈楔形。胡兀鹫的羽毛非常与众不同，自由生活的胡兀鹫的羽毛在含铁的水中洗澡之后会变色。白色的部分会变成铁锈色，这样便可起到很好的掩护作用。

主要栖息在海拔 500～4000 米山地裸岩地区。在沟壑，高原和草原穿插的山脉间可见。在喜马拉雅山，可飞越超过 8000 米的最高峰。在非洲与亚洲的部分山地分布比较广泛，但在欧洲地区受到较大的威胁。

骨髓是它们 90% 的食物来源。胡兀鹫会守着羊或羚羊的尸体，耐心等待，直到尸体软的部分已分解完毕后，此时胡兀鹫会抓起属于自己的羊骨头，从 50～100 米的高度跌落悬崖上的斜坡或岩石区，摔破这些骨头。它的喉咙宽 70 毫米，测量可以吞下直径高达 3.5～25 厘米的整块骨头。在食物短缺的时候，它们也吃其他小型哺乳动物，甚至人类婴儿，或者昆虫、海龟、蜥蜴等。

雌鸟每年产 1～2 窝，繁殖期在 12 月～次年 2 月，孵化持续大约 55～60 天，一般由雌鸟孵化。幼鸟 4 个月后离开巢，仍是由雌鸟喂 2 个月。

◎高山兀鹫

高山兀鹫为大型猛禽，上体羽为沙白色或茶褐色，具矛状条纹及淡色羽缘。2 龄幼鸟上体羽缘为桂红色，下体为桂红色但有白色条纹，头部的绒羽逐渐为丝状羽替代，颈部有很长的矛状羽；3 龄幼鸟与成鸟相似，但翎领有桂红色羽缘。成鸟两性羽色相似。头部为黄白色毛状羽和绒羽；头侧、颊、喉为毛状羽，较短且稀疏；颈细而裸露，基部具明显而宽阔的灰白色长翎羽，有淡褐色轴纹，翅和尾为黑褐色。

栖息于高山和高原地区，经常在高山森林上部的一些森林地带、高原草地、荒漠和岩石地带活动，或是在高空翱翔，或是成群地栖息在地上或岩石上，有时也出现在的空中。繁殖期多在海拔 2000～6000 米的山地，冬季有时也会飞到山脚地带活动。主要以腐肉和尸体为食，一般不攻击活的动物。它的视觉和嗅觉都非常敏锐，常在高空翱翔盘旋寻找地面上的尸体，也常通过嗅觉闻到腐肉的气味而向尸体靠近，有时为了争抢食物而同类之间相互攻击。在食物缺乏和极其饥饿的情况下，有时也会吃蛙、蜥蜴、鸟类、小型兽类和大的甲虫以及蝗虫。由于较少捕食活的动物，它的脚爪大多退化，只能起到支持身体和撕裂身体的作用，但可以更为方便地在地面上奔跑和跳动。为了从一些很大、很结实的食草动物或食肉动物的尸体上去拖出沉重的内脏，把猎物的肌肉一块块地撕下来吃掉，它的嘴变得更加的强大。

繁殖期为 2～5 月份，通常筑巢在高原上的悬崖岩壁的凹处。据说它非常喜欢用细长如剑的藏羚角来筑巢，有时收集的数目多达 100 枚以上。每窝通常产卵 1 枚，卵的颜色为白色或淡绿白色，表面光滑无斑，偶尔会有褐色的斑点出现。

◎白兀鹫

白兀鹫的羽毛是白色的，飞羽为黑色。它们的身体有时有些泥色，然而这种情况通常是与其习性有关。白兀鹫的鼻孔很长；颈部羽毛很长，双翼很尖，当中以第三主羽最长；尾巴呈楔状；爪子直而且长，第三及第四趾有小蹼。指名亚种的喙是黑色的，而印度的亚种则较为淡色或黄色，但这种变化仍需更多证据的支持。白兀鹫的面部皮肤是黄色的。雏鸟是黑色或深褐色的，生长着黑白色的斑。

白兀鹫广泛分布在南欧、北非、西亚及南亚，它们主要栖息在干旱平原。它们有时也会流浪到斯里兰卡、欧洲北部以及南非。欧洲群落会向南迁徙 3500～5500 千米到达非洲，有时单日的旅程长达 500 千米。

白兀鹫经常会随热流上升。它们吃多种食物，包括哺乳动物的粪便（尤其是人类）、昆虫、尸体、植物及细小的猎物。研究显示它们吃哺乳动物的粪便可以帮助它们摄取类胡萝卜素色素，会使白兀鹫的面部皮肤呈鲜黄以及橙色。

白兀鹫是群居的，鸟巢会不断再用。它们一般较为寂静，一旦受到了打扰就会发出高音的叫声。它们很多的时候都是单独或成对的行动。它们通常是一夫一妻制的，夫妻的关系可以维持多于一个繁殖季节。成年雄鹫在雌鹫生蛋前后很多时都会留在雌鸟的身边。它们会在峭壁、建筑物以及树上筑巢。

| 拓展思考 |

1. 秃鹫与雕和鹰有哪些区别？
2. 鹫有哪些价值？

翱翔在天空中的鸟类

猫头鹰—— 鸮类

Mao Tou Ying —— Xiao Lei

鸮是我国古代对猫头鹰一类鸟的总称，现在用来命名鸮形目猛禽，该种猛禽均为夜行性鸟类，广泛分布于除南极洲外的世界各地，现存约 140 种，其中体型最大的是雕鸮，常见的有红角鸮、长耳鸮等等。

鸮属于夜里活动的鸟类，大多数种类几乎专以鼠类为食，是重要的益鸟。由于它们的外貌丑陋，叫声凄厉，常会给人以恐怖的感觉，

※ 鸮

因而致使一些人对它厌恶，甚至有一些迷信传说，认为它是一种不吉利的鸟，其实这一说法是不正确的。从鸮给人们带来的巨大益处来说，应该对它大力保护才对。

◎猫头鹰的故事

两三百年前，人们还远没有今天这般聪明狡猾，在一个小镇里发生了一件稀奇的事。有一只猫头鹰，人们叫它"叔胡"，它在黑夜中不幸误入了林间的一户人家的谷仓里。天亮时，因为害怕别的鸟儿瞧见，便不敢冒险出来。

早上，家中的一个仆人到谷仓来取干草，看见了坐在墙角的猫头

鹰，他大吃一惊，撒腿就跑，并报告主人说他看见了一个平生从未见过的怪物正坐在谷仓上，眼睛溜溜地直转，毫不费力就能吞下一个活人。"我可知道你这种人，"主人说："你敢满地里追赶一只山鸟，却不敢靠近一只躺在地上的死鸡。我倒要亲自去看看它是一个什么样的怪物。"主人说着，大胆地走进了谷仓，四下寻望。当他一眼瞧见了这古怪可怕的动物时，受到的惊吓绝不亚于那仆人，"嗖"地一下就跳着跑出了谷仓，跑到邻居家，求他们帮忙对付这不认识的危险野兽，并且说一旦它冲出来，全城人都会有危险。大街小巷一下子就沸腾起来了，只见人们拿着镰刀、斧头、草叉和矛，就像大敌当前一般。最后，连以市长为首的议会都出动了。

在广场上整队集合后，他们便浩浩荡荡地向谷仓进发，把它围得水泄不通。这时其中最勇敢的一个人走上前，漫不经心地拿着矛进去了。接着只听一声尖叫，他便没命似的跑了出来，变得面无血色，语无伦次。

另两个人又冒险进去了，但是出来后也好不到哪里去。最后有一个人站了出来，他可是一位骁勇善战的壮汉。他命人拿过盔甲、剑和矛，全身披挂。人人都称赞他勇敢，不过很多人也在为他的生命而担心。

谷仓的两扇大门大开了，他看见了正蹲在一根大梁中部的那只猫头鹰。勇士命人拿来梯子，当他立起梯子准备爬上去时，人们都对他大叫，要他更勇敢些，并把那个曾杀死蛟龙的圣乔治介绍给他。他到达了顶部，猫头鹰看出来他要去打它，再加上这些人群和叫嚷，又不知如何逃生，不由眼珠乱转，羽毛竖立，双翅乱拍，张开嘴巴，粗着嗓子大叫起来："嘟咿！嘟呜！"

"戳呀！戳呀！"外面的人群冲着这勇士高声喊叫。

"任何一个处在我这位置的人都不会叫'戳呀'的。"他答道。他虽然又往上爬高了一级，可双腿却不由自主地发起抖来，几乎要吓得晕过去了，最后终于还是败下阵来。

这下再也没有人敢去冒这个险了。人们说："那个怪物只要一张口发声和呼气，连我们最勇敢的人都中了毒，几乎要了他们的命，难不成我们其余的人还要拿自己的生命去冒险吗？"为了保住城市，他们开始商量该怎么办。商量来商量去，始终想不出个万全之策，最后市长想到了一个权宜之策。他说："我的看法是，我们应当掏腰包，赔偿仓库及其中的一切给主人，然后放火烧掉整个仓库，连同这可怕的野兽一起烧死，这样大家再也不会有生命危险了。现在已没有过多的时间考虑了，我们也决不能吝啬。"大家一致同意了这个办法，于是，他们在四角点上火，那只猫头鹰连同谷仓一起在火中化成了灰烬。

知识链接

在法国的中新世地层，发现草鸮属鸟类的化石；在德国的中新世地层，发现角鸮属化石；在法国的下渐新世地层，发现雕鸮属与耳鸮属的化石；在德国和北美的中新世地层，发现林鸮属化石。中国目前没有发现鸮形目鸟类化石出土。

◎雕鸮

雕鸮是我国鸮类群体中个体最大的一种，毛色为淡棕黄色，夹杂着褐色的细斑。眼先密被覆盖了白色的刚毛状羽，各羽都长着黑色端斑。眼的上方有一个大的黑斑；皱领为黑褐色；头顶为黑褐色，羽缘为棕白色，并且夹杂着黑色波状细斑。耳羽特别发达，显著突出于

※ 雕鸮

头顶两侧，外侧呈黑色，内侧为棕色。羽毛大部分为黄褐色，具有黑色的斑点和纵纹。喉部为白色，胸部和两肋具有浅黑色的纵纹，腹部具有细小的黑色横斑。虹膜为金黄色或橙色。脚和趾都长有浓密的羽毛，为铅灰黑色。

雕鸮主要栖息于山地森林、平原、荒野、林缘灌丛、疏林，以及裸露的高山和峭壁等各类生存环境中。主要以各种鼠类为食，也吃兔类、蛙、刺猬、昆虫、雉鸡以及其他鸟类。该物种为夜行性，白天大部分躲藏在密林中栖息，缩颈闭目栖于树上，一动不动。但它的听觉甚为敏锐，稍有声响，立即会伸颈睁眼，转动着身体观察四周的动静，如果发现有人立即飞走。飞行时速度慢而无声，通常是贴地低空飞行。

◎红角鸮

红角鸮繁殖期5～8月，筑巢于树洞或岩石缝隙和人工巢箱中，是中国体型最小的一种鸮形目猛禽。

红角鸮具有黑褐色蠹状细纹，面盘为灰褐色，密布纤细的黑纹；领圈为淡棕色；耳羽基部都为棕色；头顶到背以及翅覆羽掺杂以棕白色斑。尺羽大部分为黑褐色，尾羽为灰褐色，尾下覆羽为白色。下体大部分为红褐至灰褐

※ 红角鸮

色，有暗褐色纤细横斑和黑褐色羽干纹。嘴为暗绿色，爪为灰褐色。

红角鸮栖息于山地林间，以昆虫、鼠类、小鸟为食。筑巢于树洞中，每窝产卵多为4枚，白色。纯夜行性的小型角鸮，通常喜欢有树丛的开阔原野。它们双翅展合有力，飞行迅速，能在林间无声地穿梭。视听能力极强，善于在朦胧的月色下捕捉飞蛾与停歇在草木上的蝗虫、甲虫、蟑等昆虫，但是鼠和小鸟在红角鸮食物中的比例却不高。白色羽干纹似树皮的红角鸮，分布范围在古北界西部至中东以及中亚。

中医传统理论认为红角鸮去毛及肠杂、全体烧存或焙干研末，有祛风、解毒、定惊、滋阴补虚的功能，因此被大量捕杀，从而直接导致了该物种濒危。

◎长耳鸮

中型猛禽，体羽为棕黄色，上体密布黑褐色粗羽干纹和虫蠹状细斑。嘴为铅褐色，先端黑色；爪也为黑色。栖息于山地森林或平原树林中。主要以鼠类和昆虫为食。对于控制鼠害有积极作用，应大力保护。

长耳鸮属于国家二级保护动物。

长耳鸮与其他大多数鸮类一样，体羽的颜色也是非常暗的褐色与黑色，上体以棕褐色为基色，具黑色棕斑；下体色比较浅，以黄褐色为基色，具较细弱的黑色纵斑；双足有浓密的羽毛覆盖，直到脚趾处；长耳鸮的辨识特征集中在面部，耳鸮属鸟类的面盘大多非常明显。

※ 长耳鸮

长耳鸮在栖止状态时，身体竖立，基本与地面垂直，这是区别本物种与近似的短耳鸮的一个重要特征，短耳鸮几乎是以平行于地面的姿态扒在树干上的。

长耳鸮喜欢栖息于针叶林、针阔混交林和阔叶林等各种类型的森林中，也出现于林缘疏林、农田防护林和城市公园的林地中。它白天多躲藏在树林中，经常以垂直的形态栖息在树干近旁侧枝上或林中空地上草丛中，黄昏和夜晚上才开始活动。长耳鸮的栖息地往往非常精确地固定，甚至固定到某一干树枝，以至于在它们的固定居所的垂直下方遍布它们或拉或吐的排泄物，常常污秽不堪，因此也成为了搜寻它们的线索。所有的鸮形目鸟类都是典型的肉食性鸟类，长耳鸮的食物以各种鼠类为主，还包括小型鸟类，通过分析它们的唾余，人们发现长耳鸮的食谱以黑线姬鼠为主，还包括小麝鼩、小家鼠、褐家鼠等啮齿类，蝙蝠、棕头鸦雀、麻雀、燕雀等一些小型鸟类。

长耳鸮常见于全北界，分布于整个欧亚大陆的北部，库页岛、日本列岛、伊朗、土耳其、印度西北部；非洲北部、北美洲的加拿大和美国北部；中国大多数地区都可以见到。

◎关于猫头鹰的传说

从前有一只老鹰，它是鸟中之王，常常在山谷上方飞翔寻找食物。

有一天，它看到一棵很高的松树，树上有一只母猫头鹰，同时又看到它的巢里有 4 颗蛋，当老鹰飞下去，到巢边准备吃那 4 颗蛋时，母猫头鹰很恭敬地说："鹰大王，你早啊！我想你现在一定不饿吧！"

"不！"老鹰说："我很饿，我准备把你那 4 颗正在孵化的蛋吃了充饥，那一定非常可口的！""鹰王啊！"母猫头鹰说："如果你答应不吃我的小孩子，我将永远只在晚上飞翔，专吃毒蛇和蝎子，而把小鸟和小鼠留给你吃，不知道你赞不赞成！"

"好啊！"老鹰说："我就答应不吃你的小孩吧！但是我怎么样才能认识你的小孩呢？"

"不用担心，我的小孩很容易辨认，它们是世界上最美丽的鸟！"母猫头鹰很得意地说。

一天，老鹰又在山上飞着，用锐利的目光寻找食物。不久，看见下面一棵松树上，有 4 只小白鸟，很香甜的睡着，它就很快地飞下去。但是当它正准备吃它们的时候，听见它们"吱！吱！吱！"的叫声，并且长得很美丽很可爱。于是自言自语地说道："哎！这 4 只美丽的小白鸟肯定是母猫头鹰的小孩吧！我不能吃它们。"它一眼又看到松林上另一个鸟巢。鹰王飞去一看，巢内有 4 只从来没见过的又丑又怪小鸟，并且叫声非常难听。"嘎！"鹰王叫着："这些丑陋的小鸟一定不是母猫头鹰的小鸟。"于是就把它们吃掉了。

正在这时候，母猫头鹰飞回它的巢里来，发觉鹰王吃掉它的小孩子，伤心地哭了！"鹰王啊！你不遵守约定，你吃掉了我的孩子！这让我怎么办呢？"

"请原谅我吧！"鹰王说："我实在不知道它们就是你的孩子，你不是说你的孩子是世界上最美丽的吗？但是我现在所吃的，却是最难看不过的！"母猫头鹰哭着说："你是鸟类之王，但是你不知道吗？没有一个母亲不认为自己的孩子是世界上最美丽的！"

拓展思考

1. 鸮鸟和猫头鹰是同一种鸟类吗？
2. 鸮鸟类的存在对人类有哪些好处？

视力最强的鸟—— 隼类

Shi Li Zui Qiang De Niao —— Sun Lei

隼类是包括鸮形目以外的所有猛禽，属于白天活动的猛禽。隼形目多为单独活动，飞翔能力非常强，也是视力最好的动物之一。我国的所有隼形目鸟类都是国家重点保护野生动物，其代表的有白隼、猎隼、红腿小隼等等。

隼的上嘴弯曲，背青黑、腹黄、尾尖白色，性凶猛，善于袭击其他鸟类。

隼栖息于开阔的低山丘陵、山脚平原、森林平原、海岸和森林苔原地带，特别是林缘、林中空地、山岩以及有稀疏树木的开阔地方，冬季和迁徙季节有时也出现在荒山河谷、平原旷野、草原灌丛和开阔的农田草坡地区。主要是以小型鸟类、鼠类和昆虫等为食，也吃蜥蜴、蛙和小型蛇类。通常在空中飞行捕食，常追捕鸽子，所以俗称为"鸽子鹰"，有时也会在地面上捕食。

※ 隼

知识链接

我国的所有隼形目鸟类都是国家重点保护野生动物。隼形目的鸟在鸟类中处于食物链的顶端，占据着重要的生态位置，很多隼形目的鸟类也被人们认为具有勇猛刚毅等优良品格，所以有不少国家的国鸟都是隼形目的鸟类。

翱翔在天空中的鸟类

◎白隼

白隼的羽色变化较大，有暗色型、白色型和灰色型，白隼是冰岛的国鸟。暗色型的头部为白色，头顶具有显著的暗色纵纹，与游隼以及猎隼的区别在色彩较浅。上体为灰褐色到暗石板褐色，具有白色横斑与斑点；尾羽为白色，具有褐色或石板色横斑；飞羽为石板褐

※ 白隼

色，具有断裂的白色横斑；卜体部分为白色，具有暗色横斑。但比阿尔泰隼的斑纹较为稀疏。白色型的体羽主要为白色，背部和翅膀上有褐色斑点。灰色型的羽色则介于上述两类色型之间。虹膜通常为淡褐色，嘴为铅灰色，蜡膜为黄褐色，跗跖和趾为暗黄褐色，爪为黑色。

主要以野鸭、海鸥、雷鸟、松鸡、岩鸽等各种鸟类为食，有时也会捕食中小型哺乳动物，还可以对付像鹿那样的大型食草动物，捕猎时飞行的速度非常快，矛隼的名字就源于飞行中的它像掷出的矛枪一样迅疾无比。捕捉岩鸽等猎物时，雄鸟和雌鸟可以进行巧妙的配合，由雌鸟突然飞进岩鸽栖息的洞穴中，并将它们驱赶出来，雄鸟会在洞外等候，进行捕杀。

白隼主要栖息于岩石海岸、开阔的岩石山地、沿海岛屿、临近海岸的河谷和森林苔原地带，堪称是北国世界的空中霸王，但是非常怕热。常在低空进行迅速的直线飞行，发现猎物后则将两翅一收，突然急速俯冲而下，就像投射出去的一支飞镖，直接冲向猎物。

巢建在悬崖上，有的时候也会占用其他大型鸟类的巢。雌鸟每窝产卵3～4枚，偶尔有少至2枚和多至7枚的情况，卵重70克左右，颜色为褐色或赤色，具有暗褐色或红褐色斑点。

分布于欧洲北部、亚洲北部以及北美洲北部，生活区域约1000万

平方千米，现存数量约 10 万只。在我国见于黑龙江、辽宁瓦房店和新疆喀什等地，极其罕见，白隼属于国家二级保护动物。

◎猎隼

　　猎隼主要以鸟类和小型动物为食，其分布较为广泛，我国和中欧、北非、印度北部、蒙古最为常见。可驯养用于狩猎，已被列为我国国家一级保护动物。

　　猎隼是体大且胸部厚实的浅色隼，颈背偏白，头顶为浅褐色。头部对比色少，眼下部分具有不明显黑色线条，眉纹为白色。上体大多数为褐色而略具横斑，与翼尖的深褐色成对比。尾部具有狭窄的白色羽端。下体偏白，狭窄翼尖深色，翼下大覆羽具有黑色细纹。翼比游隼形钝而色浅。幼鸟上体褐色深沉，下体满布黑色纵纹。

　　猎隼具有高山及高原大型隼的特性。猎隼栖息于低山丘陵和山脚平原等地区。在无林或仅有少许树木的旷野以及多岩石的山丘地带活动，常常可以瞥见它那一掠而过、鸣击长空的英姿。猎隼主要以中小型鸟类、野兔、鼠类等一些动物为食。每当发现地面上的猎物时，总是先利用它那类似于高速飞机的速度和可以减少阻力的狭窄翅膀飞行到猎物的上方，占领制高点，然后收拢双翅，使翅膀上的飞羽和身体的纵轴平行，头则会收缩到肩部，以每秒 75～100 米的速度，呈 25°角向猎物猛冲而去，在靠近猎物的瞬间，稍稍张开双翅，用后趾和爪击打或抓住猎物。此外，它还可以像歼击机一样在空中对飞行的山雀、百灵等小鸟进行袭击，追上猎物后，就用翅膀猛击，直到猎物失去飞行能力，从空中坠落下来，猎隼会再俯冲下来将其捕获。

　　猎隼比较容易驯养，经驯养后是很好的狩猎工具，历史上就有猎手驯养猎隼。在阿拉伯国家，驯养隼类是一种时尚，是财富和身份的象征。因此，国内有一些不法分子非法捕捉猎隼，从事走私活动，给此物种的数量造成了较大威胁。

◎红腿小隼

　　红腿小隼虽然也属于猛禽，但体长仅有 19 厘米，与其他凶猛雄壮的猛禽相比，显得十分弱小。它的前额为白色，眼睛上有一条宽阔的白色眉纹，往后经耳覆羽与上背的白色领圈相连，颊部和耳覆羽为白色，从眼睛前面开始有一条粗的黑色贯眼纹经过眼睛斜向下到耳部。上体包括翅膀和尾羽都是为黑色，并且具有蓝绿色的金属光泽。前额、眉纹和上背的领圈为白色，贯眼纹为黑色。喉部为暗棕色，胸部和腹部为暗棕色，两肋、尾下覆羽以及覆腿羽都是暗棕色，飞翔的时候翼

※ 红腿小隼

下为白色，飞羽的下面具有黑色的横带，尾羽的下面为黑色并且具有白色的横带。虹膜为褐色，嘴为石板蓝色，尖端有时为绿黑色，脚和趾为黑色。

红腿小隼栖息于开阔的森林以及林缘地带，尤其是林中河谷地带，有时也到山脚平原和林缘地带活动。常单独活动，或者会快速地扇动两翅在树林间进行鼓翼飞翔，间接或者穿插着滑翔，或者会静静地栖息在枯树的树梢之上。红腿小隼生性较胆怯，叫声纤细而高亢。主要以小型鸟类、蛙、蜥蜴和昆虫为食。捕食方式主要通过在空中飞翔，不断地寻找和追捕各种不同的昆虫和小型鸟类，以及站在开阔地区的树上，观察地面动物的活动，发现后立刻飞下捕猎。

繁殖期为 4～6 月，筑巢于腐朽的树洞中，每窝产卵 4～5 枚，卵的形状为卵圆形，颜色为污黄白色，具红色斑点，亲鸟有着较强的护巢性。红腿小隼是世界上最小的猛禽之一，在我国主要分布于喜马拉雅山脉东部山麓及东南亚，极为稀少。在国外分布于印度、缅甸、泰国以及中南半岛等地。

拓展思考

1. 你还知道哪些鸟类为隼类？
2. 隼类鸟对于我们人类起到什么样的作用？

飞

跃的『攀援冠军』

第四章

FEIYUEDE『PANYUANGUANJUN』

　　这类鸟最明显的特征是它们的脚趾总是两个向前、两个向后，有利于攀援树木。此类鸟的主要代表有杜鹃、翠鸟、鹦鹉、啄木鸟等。它们经常栖息在有树林的山地、平原和丘陵等地带，也见于水域、农田和居民区周围。大多数种类在树洞、土洞、岩隙等处营巢，攀禽鸟类大部分为留鸟，少数为候鸟，并且多为热带和亚热带地区特产鸟类。

"钓鱼郎" —— 翠鸟

"Diao Yu Lang" —— Cui Niao

翠鸟是全世界约 90 种躯体短肥的独栖鸟类的通称。中国较著名的翠鸟有：普通翠鸟、斑头翠鸟、蓝耳翠鸟等。

◎翠鸟的外形及习性

翠鸟从额到枕为蓝黑色，背部为翠蓝色，腹部为栗棕色；头顶有浅色横斑；嘴和脚均为赤红色。从远处看很像啄木鸟。翠鸟体形大多数矮小短胖，与麻雀大小相当，体长大约 15 厘米，但尾巴短小。翠鸟头大、身体小、嘴壳硬，嘴长而强直，有角棱，末端尖锐。

翠鸟分水栖翠鸟和林栖翠鸟两大类型，常采取伏击的方式捕食。水栖翠鸟是捕鱼的高手，有时也会捕食其他水生动物，是翠鸟中最常见的类群。

翠鸟常栖息于有灌丛或疏林、水清澈而缓流的小河、溪涧、湖泊以及灌溉渠等水域。主要以鱼或昆虫为食，筑巢在岸旁洞穴中或者在沙洲打洞为巢，热带种类的翠鸟会在白蚁丘内打洞。翠鸟能用它的粗壮大嘴在土崖壁上穿穴为巢，也筑巢于田野堤坝的隧道中，这些洞穴鸟类与啄木鸟一样，洞底一般不加铺垫物。翠鸟分布于世界各地，我国主要分布于中部和南部，为留鸟。

◎普通翠鸟

普通翠鸟是体长约 15 厘米左右，体重 25 克左右，有亮蓝色及棕色的一种翠鸟。上体金属浅蓝绿色，颈侧有白色点斑；下体为橙棕色，颏为白色。幼鸟的体羽色较为暗淡，有深色的胸带。橘黄色条带横贯眼部及耳羽，为本种区别于蓝耳翠鸟及斑头大翠鸟的识别特征。

普通翠鸟为常见留鸟，单独或成对活动。长时间站立于近水处的树枝或岩石上耐心观察，发现小鱼浮至水面，便立刻俯冲到水面用尖嘴将鱼捕获，然后再飞到树上或岩石上吞食。在沙堤或泥崖挖掘隧道式洞穴，在其中产卵，喂养幼鸟。由于独特的捕食方式，所以称之为"打鱼郎"。常出没于开阔郊野的淡水湖泊、溪流、运河、鱼塘及红树林，栖于岩石或探出的枝头上。

普通翠鸟分布在云南各地，中国东半部地区。

翠鸟性孤独，平时常在近水边的树枝上或岩石上伺机猎食，食物以小鱼为主，并且还吃甲壳类和多种水生昆虫及其幼虫，也啄食小型蛙类和少量水生植物。翠鸟扎入水中后，还能保持着非常好的视力，因为它的眼睛进入水中后，能迅速调整水中由于光线造成的视角反差，因此它的捕鱼本领很强。

◎三趾翠鸟

三趾翠鸟体型非常小，身长 14 厘米，是一种红黄色翠鸟。额为黑色；头、颈为橙红色；肩羽为灰褐色，羽毛端部具有深蓝色羽缘；上背为深蓝；下背、腰、尾上覆羽、尾羽橙红色，除尾羽外，其他各部位中央紫红色，并且还会反光。翼为灰褐色，并且为尖长形状；尾比嘴还要短。三趾翠鸟仅有 3 个趾，所以才会得以此名。

※ 普通翠鸟

该鸟生活在常绿的原始森林和次森林。一般都在小山丘或低高度的植被区活动；三趾翠鸟为候鸟；8～9 月迁徙，3 月回到北方。三趾翠鸟是一种颜色非常艳丽的小型森林鸟类。通常栖息于茂密的森林和河岸近水的地方，一般单独或情侣共同捕食。同大多数森林猎翠鸟一样，完全是肉食性鸟类。常在树叶或泥土中寻找猎物。主要食物为昆虫、蝗虫、苍蝇和蜘蛛，也吃各种水生动物，如水甲虫、小螃蟹、青蛙和小鱼。

营巢于土崖壁上或河流的堤坝上，用嘴挖掘隧道式的洞穴作巢，深约25厘米，宽15厘米左右，直径为7厘米左右。这些洞穴一般不加铺垫物。雌鸟产3～7卵，直接产在巢穴地上，有些鸟类也在树干上钻洞穴为巢。

> **知识链接**
>
> 　　在翠鸟的3个分布区中，亚太地区是翠鸟的最大聚居地，其种类比其他地方全部加起来还要多，而又以新几内亚岛及附近岛屿为核心的东南亚以及大洋洲的各个岛屿上具有最高的多样性。由于在这些不同岛屿的相对隔绝的环境中演化出了不同的种类，同时一些分布广泛的种类在这些地方也演化出了不同的亚种。除了种类繁多之外，亚太地区的翠鸟在形态、习性等方面也具有极高的多样性。翠鸟的栖息地是多种多样的，包括森林特别是热带雨林、稀树草原、淡水水域、海湾地带特别是红树林地区。

◎斑头翠鸟

斑头翠鸟上体主要为黑褐色，渲染蓝绿色，背部中央具一条亮绿色纵线，耳羽为蓝色，胸和腹同为栗色，头和颈为黑色。

通常栖于多树的河溪、低地以及小山丘。平时常独栖在近水边的树枝上或岩石上，伺机猎食，食物以小鱼为主，兼吃甲壳类和多种水生

※ 斑头翠鸟

昆虫及其幼虫，有时还会吃一些植物性食物。翠鸟扎入水中后，依然能保持极佳的视力，因为它的眼睛进入水中后，能快速调整水中因为光线而造成的视角反差，所以它的捕鱼本领很强。营巢于土崖壁上，或田野以及小溪的堤坝上，用嘴挖掘隧道式的洞穴作巢，这些洞穴一般不会加铺垫物。斑头翠鸟的卵直接产在巢穴地上。每窝产卵6～7枚。卵色为纯白，稍有斑点，每年1～2窝。孵化期约21天，雌雄共同孵卵，但只由雌鸟喂雏。

翱翔在天空中的鸟类

主要分布于印度次大陆及中国的西南地区，中南半岛和中国的东南沿海地区等。

◎蓝耳翠鸟

蓝耳翠鸟有林栖和水栖两大类型。林栖类蓝耳翠鸟远离水域，其种类主要以昆虫为食。水栖类主要生活在各地的淡水域中，在溪边生活觅食，食物以鱼虾昆虫为主。常常静栖于水中蓬叶上、水边岩石上以及树枝上，眼睛死盯着水面，一旦发现有食

※ 蓝耳翠鸟

物，就会以闪电式的速度直飞捕捉，而后又会回到栖息地等待，有时像火箭似的在水面飞行，十分迅速。

蓝耳翠鸟属于小型攀禽。头顶和颈为黑色，具有蓝紫色横斑；耳羽为紫蓝色；喉部为淡棕色；颈侧各有黄白色斑点；其背的上部分为暗蓝色，背中部、腰至尾上覆羽为灰蓝色；翅上覆羽为暗蓝色，有蓝色斑点；尾羽为暗蓝色；下体为栗色，嘴为黑色，基部为肉红色；脚为红色。

雄鸟的前额、头顶、枕部都为紫蓝色，且被黑色横斑所覆盖。眼先为皮黄色，耳覆羽和头侧为紫蓝色。上背、腰部和尾上覆羽为亮钻蓝色，其中尾上覆羽比较暗，尾羽短圆，为暗蓝色或黑色而缀以蓝色；肩部和翅上覆羽为暗蓝色，翅上覆羽还有钻蓝色的斑点。飞羽为黑色；次级飞羽具有紫蓝色羽缘，最内侧次级飞羽差不多全为紫蓝色；颈部的两侧各有一个长椭圆形的白色或皮黄白色斑；颔部和喉部为白色或皮黄白色，其余的下体为栗色或暗红棕色。雌鸟的羽色与雄鸟相似，但嘴基的红色范围较大。

蓝耳翠鸟常常栖息在有灌丛或疏林的、水清澈而缓流的河溪、湖泊以及灌溉渠等水域。捕食方式为飞行俯冲到水面用尖嘴捕捉鱼虾，食物

主要有鱼、虾，也吃甲壳类和多种水生昆虫及其幼虫，也啄食小型蛙类以及少量水生植物。有时常常单独或成对活动，长时间站在近水处的树枝上或者岩石上耐心观察，一旦发现小鱼浮到水面，就会冲到水面将其捕获，然后再飞到树上或岩石上吞食。在沙堤或泥崖挖掘隧道式洞穴，并在其中产卵，喂养幼鸟。

在中国蓝耳翠鸟仅分布于云南地区。它的生态生物学资料国内记载的非常少，1960 年，有人曾在勐腊的一河沟边采获一只。

◎有关翠鸟的故事

除了阿甲和蟾蜍，有一只翠鸟也住在芦苇丛中。

阿甲很喜欢这个漂亮的邻居，可惜它总爱四处流浪。有时候，上午它还站在芦苇上唱歌，下午却不知道飞到什么地方去了。

翠鸟不像红嘴鸟那么爱说话，大家见了面，它点个头就算打招呼。偶尔，它有兴致的时候，就自己唱歌。翠鸟有一副好嗓子，声音清脆，非常悦耳。

有一次，翠鸟飞到一座城市。这座城市的中心有一个湖，湖中心有一片芦苇。翠鸟觉得这里不错，就住了下来。

翠鸟和城市中心广场上的鸽子做了朋友。鸽子以这个城市的主人身份带翠鸟观光。

翠鸟看到了跑得很快的汽车，头上长着长长的触角的电车。鸽子说这些车都是铁做的，它觉得真不可思议。更让它不能理解的是，那天在一个阳台上，它看到一只透明的箱子里住着一群五颜六色的鱼，其中一条蓝颜色的小鱼特别可爱；在另一只小点儿的箱子里，住着一只小乌龟，这只小乌龟穿着一件绿衣服，仔细看看还有红脸蛋儿呢。

翠鸟对鸽子说，它家所在的那条河里，也住着好多好多鱼，有一条蓝色的小鱼叫阿布，特别可爱；还有一只小乌龟叫阿团，是阿布的好朋友。除了阿布和阿团，还有小螃蟹阿甲、水獭博士等好多朋友。

鸽子听后笑起来："怎么可能呢，鱼和小乌龟住在河里，河水不会把它们冲走吗？"它拍打着翅膀说："别骗我了朋友，螃蟹我可见过，它们被养在水产品市场的塑料盒子里，人们买了提回家蒸熟了装进盘子，然后吃掉。另外，去动物园的鸟类馆看亲戚的时候，水獭就住在动物园的水族馆里呢。"

翱翔在天空中的鸟类

鸽子说的都是它耳闻目睹的，可惜它一直生活在城市里，不知道城市之外还有更广阔的世界。

翠鸟说不过鸽子，便请鸽子到野外去看看。鸽子没答应。翠鸟觉得再在城市待下去没意思，当天夜里，它飞回了芦苇丛。

第二天早晨，翠鸟一大早就站在芦苇上，它想把在城市中的见闻告诉阿甲他们。

翠鸟一见到阿甲就破例主动开口打招呼，然后说它去了城市，在那里看到铁做的汽车跑得飞快，还有头上长着长长的触角的电车。

阿甲翻着眼睛说："是在故事书上看的吧？我可不相信。"说完，它就埋头玩起了吐泡泡。

翠鸟叹了口气，飞到红嘴鸟住的那棵大柳树上。阿团和阿布，还有黄花鱼正在树下玩三人跳棋，红嘴鸟站在树上当裁判。

翠鸟鼓起勇气说："在城市里，鱼和小乌龟养在透明的盒子里，我看到一只绿色的小乌龟和一只小蓝鱼，长得可像阿团和阿布呢。"

大家都不相信，它们的理由是：鱼和乌龟养在盒子里，那不闷死了？

这时候，阿甲也来了，它说："不管你说得多好听，我眼睛看不到就不相信。"

翠鸟无奈地又叹了口气，红嘴鸟幸灾乐祸地笑了起来。

翠鸟不甘心被嘲笑，它去水獭博士那里诉说委屈。水獭博士听后，来到大柳树下，对阿团和阿布它们说："翠鸟没有撒谎。世界很大，好多东西需要我们不断地去认识，因此，不要认为眼睛看不到的就不是真的。"

阿团和阿布以及其他在场的朋友们都惭愧地低下了头。

| 拓展思考 |

1. 翠鸟对我们人类起到什么作用？
2. 翠鸟是否为国家保护动物？

翱翔在天空中的鸟类

"晚间使者"夜鹰

"Wan Jian Shi Zhe" Ye Ying

夜鹰主要在夜间飞行中捕食。全世界共80种，我国有9种。最著名的有非洲的旗翼夜鹰、卡罗琳夜鹰等等。主要在整个欧洲与西亚繁殖，在非洲越冬。

◎夜鹰特征及习性

夜鹰的主要特征是嘴短宽，有发达的嘴须，鼻孔为管形的。身体羽毛柔软，呈暗褐色，有细形横斑，喉部有白斑。雄鸟尾上也有白斑，飞行的时候特别明显。

它白天常常蹲伏在树木众多的山坡地或树枝上，当在树上停栖时，身体贴伏在枝上，就像是枯树节，所以俗称贴树皮。

※ 夜鹰

夜鹰羽色与树皮非常相似，具有很好的保护色，很难被人们所发现。夜鹰常在夜间活动，黄昏的时候很活跃，不停地在空中捕食蚊、虻、蛾等昆虫。飞行时，两翅缓慢地鼓动，也能长时间滑翔，在捕捉昆虫时，能够立即转变成曲折地绕飞。夜鹰从不筑巢，通常把卵产在地面、岩石上、茂密的针叶林、矮树丛间、野草或灌木的下面。由于它喜欢食一些鳞翅目、鞘翅目昆虫，是我国著名的农林业益鸟。此鸟遍布我国东部，自东北至海南岛，西抵甘肃、西藏等地。

解放军最高军事医学科研机构的军事科学医学院利用夜鹰为军队特殊研制的药品，服用后可以保持 72 小时不困倦，并且能够维持正常的思维和体能。

◎非洲的旗翼夜鹰

　　旗翼夜鹰又称缨翅夜鹰。它嘴短口大，鼻子像是管子的形状，翅膀长而尖，羽毛柔软，有明显的斑点，尾巴呈凸尾形。

　　根据鸟类学家的观察，"旗翼"是雄鸟用来引诱雌鸟的，这是鸟类中一种比较罕见的繁殖特性。在旗翼夜鹰的繁殖季

※ 非洲的旗翼夜鹰

节里，当雄鸟展开翅膀，缓慢地在雌鸟的周围飞翔时，它们的弓形翅膀迅速颤动，促使两根伸长的羽毛向身体的上后方竖起，顶端旗状扩大部分就会有稍微的飘动，使之"诱惑"雌鸟。一旦雌雄鸟交尾，"旗翼"就会立刻折断。折断的羽根在换羽时不会脱落。对鸟的飞行来说，这无疑是一个不利的"后遗症"。

　　旗翼夜鹰主要栖息于非洲的大草原和森林中，被当地人称为"四只翅膀"的鸟。

◎卡罗琳夜鹰

　　卡罗琳夜鹰主要见于美国东南部的沼泽地、多岩石的山地以及松林，迁徙到西印度、中美洲和南美洲的西北部。卡罗琳夜鹰的嘴比较大，母鸟能用自己的大嘴把一个幼鸟叼走。卡罗琳夜鹰与三声夜鹰容易相互混淆，唯有体型比三声夜鹰较大，体羽为淡红褐色，尾无白色。

▌拓展思考▐

　　1. 夜鹰和蝙蝠有什么区别？
　　2. 夜鹰是不是我国保护动物？

翱翔在天空中的鸟类

"森林医生"啄木鸟

"Sen Lin Yi Sheng" Zhuo Mu Niao

啄木鸟是著名的森林益鸟，除了消灭树皮下的害虫——天牛幼虫等以外，其凿木的痕迹可作为森林卫生采伐的指示剂，因而被称为"森林医生"。全世界大约有 180 种，除了澳大利亚和新几亚以外，啄木鸟几乎分布于全世界，但主要栖息在南美洲和东南亚。我国常见的主要有绿啄木鸟和斑啄木鸟。

◎啄木鸟的概况

大多数啄木鸟终生都会在树林中度过，在树干上螺旋式地攀爬寻找昆虫；只有少数地上觅食的种类能像雀形目鸟类一样栖息在横枝上。嘴强直如凿；舌长而能伸缩，先端列生短钩；脚稍短，共有 4 个趾，其中 2 趾向前，2 趾向后；尾呈平尾或楔状，羽干坚硬并富有弹性，在啄木时支撑身体。

它们主要以在树皮中探寻昆虫以及在枯木中凿洞做巢而著称。大多部分的啄木鸟为留鸟，少数种类有迁徙的习性。大多数啄木鸟终生都只在树林中度过，多数啄木鸟以昆虫为食，但有些种类食用植物的果实。吸汁啄木鸟一般会在一定季节内吸食某些树的汁液。

在中国，除内蒙古外，其余各地均有分布。

◎啄木鸟的故事

在一片茂密的森林中，有一只啄木鸟。啄木鸟喜欢在绿树之间飞来飞去，渐渐的和很多绿树成了很好的朋友。啄木鸟每天都会在树林里穿梭，落在树上给树唱着歌，每棵树都因为它的歌声而喜欢它。

后来，森林闹了虫灾。绿树们开会，一棵比较有学问的树向大家说："我知道能给我们治病的鸟，就是那只天天给我们唱歌的鸟。"于是，大家把啄木鸟叫来。大家就问："鸟儿，听说你们鸟类中有一种鸟能给我们治病，是吗？"啄木鸟说："是啊，是啊，我认识这种鸟，我可以帮你们找来。"绿树们都很诧异，为什么鸟儿不说自己其实就是那种鸟呢？大家都以为啄木鸟是要去找更多的同伴来给大家治病，于是让啄木鸟飞走了，耐心等待着。

等了很久，啄木鸟也没有回来。直到有一天，一个年轻的绿树在不经意间看到一棵巨大的绿树上有一只鸟儿，那只鸟儿在巨树上叮叮当当的啄着，巨树看似很舒服的样子，原来这只鸟儿就是那只啄木鸟。年轻的绿树把这件事告诉了大家，大家就来质问啄木鸟。啄木鸟说："这个是树王，我们都得靠它才能活，所以我得先给它治病。"啄木鸟心里在想："巨树上有这么多虫子够我吃，如果把巨树照顾好了，我就能好好活一辈子，干嘛非要给你们这些不起眼的树治病？"

绿树们失望地走了，连最后的一点信任都不再有了。

过了几年，巨树终于老去，随着时间的推移，最后枯萎了。而这时，曾经年轻的绿树们都长成了参天大树，可没有谁愿意让啄木鸟给自己啄虫子，不久之后，啄木鸟孤独地死了。临死的时候它在想：曾经我给你们唱好听的歌，可为什么你们现在这么残忍？

◎红头啄木鸟

红头啄木鸟是一种中小型啄木鸟，生活在北美洲的温带地区。它们会在加拿大南部及美国东部和中部繁殖。红头啄木鸟的身体有三种明显的颜色：黑色的背部及尾巴，红色的头部及颈部，下身主要是白色，双翼为黑色，有白色的第二翼羽。成年雄鸟及雌鸟的羽毛是完全一样的；雏鸟的毛色相近，但夹杂了一些褐色。非观鸟者往往会将红头啄木鸟与红腹啄木鸟混淆，因红腹啄木鸟的头部也有一些红色。

红头啄木鸟捕捉空中或陆地上的昆虫作为食物，并吃树上的果实。它们一般为杂食性的，吃昆虫、种子、果实、草莓、坚果甚至其他鸟类的蛋。它们 2/3 的饮食都是来自植物。红头啄木鸟会在树穴、灯柱或枯死的树中筑巢。它们会在 5 月初产卵，大约需要 2 个星期来孵化。每季可以同时哺养 2 只雏鸟。

◎大黄冠啄木鸟

大黄冠啄木鸟是体型较大的绿色啄木鸟。喉为黄色，具有狭长的黄色羽冠，尾部为黑色。翅上飞羽具有黑色及褐色横斑，体羽局部为绿色。与黄冠绿啄木鸟的区别在于头部没有红色。大黄冠啄木鸟是喧闹的啄木鸟，有时以小家族为群活动。主要以昆虫为食，有时也会吃浆果；为常见的留鸟。主要分布于喜马拉雅山脉、中国南部、东南亚及苏门答腊岛。

大黄冠啄木鸟的雄鸟额、头顶和头侧为暗橄榄褐色，额和头顶缀有棕栗色，枕冠为金黄色或橙黄色，整个上体与内侧飞羽为灰黄绿色，初级飞羽为黑褐色，除翼端外，还有宽阔的深棕色横斑；内侧飞羽外翈绿色，内翈黑色，具有深棕色横斑。其余两翅

※ 大黄冠啄木鸟

表面与背为同种颜色，尾羽为黑褐色，中央尾羽基部羽缘为绿色。额、喉柠檬黄色。前颈褐色浅绿，掺杂有白色条纹。胸为暗橄榄褐色，其余下体逐渐转变为橄榄灰色。雌鸟与雄鸟相似，但上喉为栗色，下喉白色且具有粗的黑色纵纹。虹膜为棕红色，嘴为铅灰色，先端为淡黄色，脚和趾为铅灰色略沾绿色，爪角为褐色。

大黄冠啄木鸟主要栖息于海拔 2000 米以下的中、低山常绿阔叶林内。主要以昆虫为食，有时也吃植物种子和浆果。常单独或者成对外出活动，多往返于树干间，沿树干攀爬边寻找食物，有时也到地上活动并且寻找食物。4～6 月为繁殖期。通常营巢于树洞中。多选择腐朽的树干凿巢，巢洞由雌雄亲鸟自己凿筑而成。

▶ 知识链接

啄木鸟为什么不会患脑震荡？

据科学家测定：因为啄木鸟的头骨十分坚固，它的大脑周围有一层绵状骨骼，内含液体，对外力能起缓冲和消震作用，它的脑壳周围还长满了具有减震作用的肌肉，能把喙尖和头部始终保持在一条直线上，使其在啄木时头部严格地进行直线运动。假如啄木鸟在啄木时头稍微一歪，这个旋转动作加上啄木的冲击力，就会把它的脑子震坏。正因为啄木鸟的喙尖和头部始终保持在一条直线上。因此，尽管它每天啄木不止，多达上百万次，也能长时间的承受得住强大的震动力。

◎大金背啄木鸟

大金背啄木鸟嘴长而直，鼻孔长且扩张。脚格外强壮，大趾发达，爪长且有力。外侧尾羽较尾上覆羽略长，大金背啄木鸟是一种色彩艳丽的啄木鸟。与金背三趾啄木鸟非常相似，但体型略显偏大，有 2 条黑色颊纹至颈侧相连，大金背啄木鸟有 4 趾。雌鸟顶冠为黑色

※ 啄木鸟

且有白色点斑。鉴别特征为鼻孔裸露，背羽金橄榄色且没有斑点；有羽冠，颈后面为白色，腰为红色。

主要栖息于森林地带，喜欢较开阔的林地及林缘。叫声极其响亮并且刺耳，具爆破音的尖叫声，声音似大蝉鸣叫，非常刺耳。主要以昆虫为食，以橡树果作为冬天的食物，在树皮上钻洞储存食物。

大金背啄木鸟分布于印度次大陆及中国的西南地区，包括印度、孟加拉、不丹、锡金、尼泊尔、巴基斯坦、斯里兰卡、马尔代夫以及中国西藏的东南部的地区等。

◎象牙喙啄木鸟

象牙喙啄木鸟是由于长着一只象牙般的大嘴而得名，它是全世界体型最大的啄木鸟之一，体长 50 厘米，两翼伸开时长为 90 厘米。它们身上披着黑白相间的亮丽羽毛，翼具有白色斑点，雄性啄木鸟的冠部呈现鲜亮的红色。

它们的颈部及背部为蓝黑色，有白色的斑纹，下颚为黑色。翼面及翼底都有白边，翼底前也有白边，中间有一条黑线，逐渐向翼的两端扩大。

成鸟的喙呈象牙色，雏鸟的喙为白垩色。头上有冠，雏鸟及雌鸟的

冠都为黑色，雄鸟的冠前部为黑色，后部以及侧边为红色。

象牙喙啄木鸟喜欢栖息在密林沼泽与针叶林间，在美国内战前，大部分美国南部都是适合它们生活的原始森林。当时它们分布在得克萨斯州韦部至北卡罗莱纳州，及伊利诺伊州至科罗拉多州及古巴。内战后，南部遭受伐林的影响，只剩下了少量适合栖息的地方。

象牙喙啄木鸟主要吃树栖的甲虫幼虫，并且还会吃一些植物的种子、果实及其他昆虫。它们将喙来垂入、钻入或者撕开枯树寻找昆虫。它们每一对鸟需要约 25 平方千米的森林来搜寻足够的食物，分布得较为稀疏。分布比较普遍的北美黑啄木鸟会与它们争夺食物。

由于大多数啄木鸟都是留鸟，它们一般都在自己出生的森林里活动，因此它们的生存状况完全取决于当地森林的自然情况。然而，近半个世纪以来，由于人类对原始森林的乱砍滥伐，导致一些珍稀的啄木鸟渐渐消失，它们坚硬的长嘴凿击树木的声音变得遥远并且稀少。美国南部的象牙嘴啄木鸟就是其中之一。

由于象牙嘴啄木鸟以原始森林中枯树枝上的昆虫为食，随着人们对原始森林的砍伐越来越严重，从上个世纪 40 年代开始，喜欢"离群索居"的象牙嘴啄木鸟的数量开始迅速下降。到 80 年代，就再也没有人看到过它们的身影了。

◎绿啄木鸟

绿啄木鸟是所有啄木鸟中最常见、最普通的一种。雄鸟前头有红斑，而雌鸟没有。它们忽而俯冲下来，忽而直升上去，在空中划出许多波浪形的弧线，但尽管如此，它们还是能够在空中支撑得相当久。虽然它们飞得不高，却能越过相当广阔的地面，从这片树林飞到那片树林。

绿啄木鸟落到地上的时候比别的啄木鸟要多些，特别是在蚁巢附近，绿啄木鸟常用爪和嘴把蚁窝扒开，伸出舌头就开始吃蚂蚁。绿啄木鸟主要食用树洞里的昆虫，巢通常筑在枯树洞里面。在其余的时间，它都是扒在树上攀爬着，找到一棵就拼命啄。它工作得非常积极，常常把枯树的皮都啄得精光。由于它懒得做任何其他的动作，于是就很容易让人走近它，遇到猎人的时候，它只知道围着树枝绕圈子，躲到树枝的另一面。有人说，啄木鸟在树上啄了几下树之后就跑到树另一面去看是否

会把树啄通。不过，有人认为它那是为了要到树的另一面去截捕受惊了的昆虫，因为小虫子被它一啄都惊醒了，爬动了。还有一个似乎更可靠的说法，就是它啄的那部分木质所发出的声音仿佛就能使它辨别得出什么地方是空的，那正是它所要寻觅的蠕虫窝藏所在，或者使它知道什么地方有个洞穴，方便以后在里面居住，并且在里面营巢。

※ 绿啄木鸟

◎斑啄木鸟

斑啄木鸟是常见的啄木鸟。雄鸟枕部具有狭窄红色带而雌鸟没有。两性臀部均为红色，但带黑色纵纹的近白色胸部上并没有红色或橙红色，以此有别于相近的赤胸啄木鸟及棕腹啄木鸟。斑啄木鸟的举止动作常常显得极其急躁不安，相貌和神态也并没有其他种类悦目俊秀。生性孤傲，喜欢独来独

※ 斑啄木鸟

往，即使与同类有时也会回避任何接触，互不交往。

斑啄木鸟在夏季专门啄食天牛幼虫、木蠹蛾和破坏树干木质部的昆虫。斑啄木鸟在冬春两季因捕虫困难，常以浆果、松实为食，有时还绕

啄槭树、椴树、山杨和桦树，从树干中汲取流动的树液，偶尔也会给树木造成一些负面的影响，但是从利害两方面的比较看来，它的"害处"实在是不值一提的。

斑啄木鸟的举止动作常常显得非常急躁不安，相貌和神态比其他种类更显得平凡。啄木鸟乐于在自凿的树洞里筑窝和配偶结伴。通常，它们先是寻找一些内部已经蛀朽的树木作为目标，雌雄两鸟不停地轮番工作，使劲啄穿表面的树皮和木质部，直到啄穿树腐烂的树心，然后掏深洞穴，用脚把碎木片、木屑扔到外面，使洞挖得既曲折又深邃，连一点光线都透不进来。它们就是在洞底摸黑产卵以及哺养小鸟的。刚孵出的雏鸟大多安详地躺卧在窝内，几天后它们的索食声就变得十分喧闹，为了等候父母带回的一份喂食，它们还常常爬到洞口甚至将半个身子空出洞外，吱吱待哺。

斑啄木鸟为我国最常见的留鸟，广泛分布于中部和东部，在新疆北部也有分布。国外分布于亚欧大陆的温带林区，印度东北部，缅甸西部、北部及东部以及印度支那北部。

◎大树与啄木鸟的故事

从前，在茂密的森林里长着一棵枝繁叶茂的大树，它总觉得自己比别的大树都好，所以经常对着小溪欣赏自己的倒影，还自言自语地说："谁有我漂亮?"

有一天，大树忽然感觉身上有些痒，它对着小溪看了看，发现自己的"头发"有点黄。这时正好啄木鸟医生飞来给大树们做身体检查。啄木鸟说："大树先生，你身上长了一些虫子，我给你看看病吧。""胡说!我这么健康，哪来的病? 你一定是为了填饱肚子才飞到这儿来骗我的，去一边。"大树厌烦地说。于是啄木鸟医生就拍着翅膀飞走了。

过了一段时间，啄木鸟医生又来给大树们看病了。而那棵大树比原来虚弱了很多，一些叶子掉了，树干上一些虫洞。啄木鸟飞过来，担心地说："大树先生，您的病已经很严重了，需要赶快治疗呀!"而大树仍不以为然地说："真是一派胡言，我感觉自己身体强壮的很，你一定又是过来骗人的，快滚开，我再也不要见到你!"于是啄木鸟医生非常气愤的飞走了。

又过了一段时间，大树感觉身体糟糕极了，树干上满是虫洞，甚至连一些树枝也掉了。它担心地问旁边的大树，自己看上去怎么样？旁边的大树说："朋友，你的病好像已经无药可救了，赶紧叫啄木鸟医生吧。"大树羞愧地高声叫喊着啄木鸟医生名字，但已经太晚了，一阵大风过后，一直坚持着不被虫子蛀倒的大树终于倒下了。

◎啄木鸟学艺的故事

从前，有一只小啄木鸟，总觉得自己什么也干不了，心有不甘的它不顾啄木鸟首领和大家的挽留，毅然决定离开族群，到远方去拜师学艺。

小啄木鸟跋山涉水，历经千难万险，终于找到了它满意的第一位师傅——大花猫。它看见大花猫捕老鼠的样子威风凛凛，羡慕极了，便诚恳地对大花猫说："花猫兄弟，你能否收我为徒，传授我捕捉老鼠的技巧？"大花猫摇摇头说："不行啊，你没有我这样锋利的爪子和敏锐的眼睛，是捉不到老鼠的，你还是到别处去看看吧。"

小啄木鸟收拾心情，继续向前飞去，它一边飞一边想："我一定能找到师傅的。"过了一会儿，小啄木鸟看见了一个正在全神贯注地捕捉虫子的，穿着绿衣服的大青蛙。小啄木鸟说："青蛙大哥，请收我为徒，传授我捕捉虫子的本领吧。"青蛙说："不行啊，你没有我这样与生俱来的擅长捕虫子的长舌头，是捉不到虫子的，你还是去找找别人吧。"

小啄木鸟失落地继续向前飞，不知不觉中，它飞进了一片茂密的森林里。突然，它看到一只四肢矫健、长着大尾巴的松鼠正在用它的大尾巴拍打着树枝，树上的松果纷纷扬扬地落了一地。小啄木鸟看得眼睛都直了，连忙说："松鼠大婶，您能否收我为徒，传授我摘松果的本领呢？"松鼠笑了笑说："孩子，你没有我那蓬松的大尾巴，是摘不了松果的，你还是另觅高枝吧！"

再一次受到打击的小啄木鸟伤心极了，身心俱疲的它，无精打采，漫无目的地在森林上空飞来飞去。这时，它听见一位老爷爷在呻吟，它仔细倾听，原来是老槐树爷爷在痛苦地哭泣。小啄木鸟急忙飞过去，亲切地问道："槐树爷爷，您怎么了？"老槐树说："哎呀，疼死我了！都怪那些该死的虫子，它们在我的身体里为非作歹，你能帮帮我吗？"

这时的小啄木鸟，竟然有些信心不足了，它迟疑着问："老爷爷，我能帮您捉虫子吗？"老槐树说："孩子，你有那么犀利而尖锐的嘴，有能洞察一切的大眼睛，还有稳健的爪子，你一定能行的。"

　　小啄木鸟在老槐树的鼓励下，羞涩地说："那让我来试试吧！"说完，小啄木鸟就开始了，它用自己的嘴，一下一下地敲击起树干来。虽然它敲击树干的声音像美妙的音乐，而且它也尽力小心，但老槐树还是发出轻微的痛苦声。但这更坚定了啄木鸟捉虫子，为槐树爷爷治疗疾病的决心。

　　终于，在小啄木鸟啄开的树洞里，赫然躺着一只毛茸茸的大虫子。小啄木鸟毫不犹豫地一下把它啄了出来。老槐树爷爷很感激地说："谢谢你，孩子，你帮了我的大忙。"小啄木鸟听了，很不好意思地说："爷爷，这是我应该做的，我也要谢谢您，是您让我找到了自信，还让我明白了，只有适合自己的工作才是最好的。"

拓展思考

1. 你知道啄木鸟的舌头长在哪儿吗？它起到什么作用？
2. 你的印象中啄木鸟长什么样？它是我国几级保护动物？

翱翔在天空中的鸟类

聪明的鸟——鹦鹉

Cong Ming De Niao —— Ying Wu

鹦鹉类在世界各地的分布十分广泛，其中以热带地区为主，主要分布在温带、亚热带、热带的广大地域。常见的有灰鹦鹉、金刚鹦鹉、红领绿鹦鹉、长尾鹦鹉等。

◎鹦鹉的主要习性

鹦鹉鸟类品种繁多，形态各异，羽色也极其艳丽。它们小群活动，主要是以配偶和家庭为主，主要栖息在林中树枝上，以树洞为巢。

大多数鹦鹉主食树上或者地面上的植物果实、种子、坚果、浆果、嫩芽嫩枝等，有的时候也吃少量的昆虫。最特别是吸蜜鹦鹉类，它们主要是以吸食花粉、花蜜及柔软多汁的果实为主。鹦鹉在取食过程中，常以强大的钩状喙嘴与灵活的对趾形足配合完成。它们在树丛中央攀爬寻找食

※ 鹦鹉

物的时候，首先用嘴咬住树枝，然后双脚跟上；当行走在坚固的树干上时，则把嘴的尖部插入树中平衡身体，以加快运动速度；吃食时，常用其中一足充当"手"握着食物，将食物塞入口中。

随着人类文明足迹的逐渐延伸、工业化程度的发展，这些美丽的鸟也同样面临着生存环境的恶化，多种类鸟的数量速减，一些种类已经或接近绝灭。

◎金刚鹦鹉

金刚鹦鹉是色彩最艳丽的大型鹦鹉，面部无羽毛，当它兴奋的时候面部就会变为红色。两性的外形相似。学话能力较强，可饲养为玩赏动

翱翔在天空中的鸟类

物，但需笼室宽大以便于飞翔。金刚鹦鹉比较容易接受人的训练，并能与其他种类的鹦鹉友好相处，但也会咬其他动物以及陌生人。金刚鹦鹉有些可以活到80岁，并且会模仿人的声音，多数情况下也会像野生鹦鹉一样尖叫。

除了美丽、庞大的外表，以及拥有巨大的力量外，金刚鹦鹉还有一个功夫，即百毒不侵，这源于它所吃的泥土。金刚鹦鹉的食谱由许多果实和花朵组成，其中包括很多有毒的种类，但是金刚鹦鹉却不会轻易中毒。有人推测，这可能是

※ 金刚鹦鹉

因为它们平时吃的泥土中含有特别的矿物质，从而使它们百毒不侵。金刚鹦鹉很胆小，见了人就飞。但从16世纪时，西班牙和葡萄牙殖民者将金刚鹦鹉带回欧洲后，从此它们就变成了人们的好朋友。经过特殊训练的金刚鹦鹉还能协助交通警察指挥交通，看到汽车超速，就会马上飞到汽车驾驶室的窗口，对着司机说"请你慢行""请你停车"等，对维护交通秩序起到了很好的协助作用。

◎虎皮鹦鹉

虎皮鹦鹉的鸟体为黄绿色；头部后方、颈部两侧、背部上方和翅膀覆羽为浅棕色，每片羽毛都带着黄色和黑色；喉咙和面部为黄色；脸颊下方有着不规则的蓝紫色，喉咙部分有3个黑色点状；胸部羽毛带有细窄的黑边。主要飞行羽覆羽为浅蓝色；飞行羽为灰绿色并带有浅色的条纹；内侧灰色并且带有白色的斑纹；尾巴上方中央的羽毛为蓝绿色，尖端呈黑色，内侧也为黑色。鸟喙为橄榄黄色，蜡膜为蓝色，虹膜为白色。母鸟的蜡膜为灰棕色或肉色，仅带有一点点浅蓝色，到了繁殖季则会变为深棕色。幼鸟体色较深，公母幼鸟的蜡膜都为粉红色，需要3～

4 个月才能长成像成鸟一样的羽色。

虎皮鹦鹉主要栖息于开阔的草原地区、干燥的马利植被区、穆拉加灌木丛和开阔的茂密林区、充满桉树以及金合欢属植物的平原地区、农耕区，平时大部分都不会离开河岸或是水源太远。

虎皮鹦鹉原产于大洋洲，广泛分布于澳大利亚内陆地区，东部、西南部、北省的沿海地区，约克角半岛、塔斯马尼亚岛也有少数分布。曾将其种类引进到许多国家，但绝大部分无法顺利生存繁衍，喜欢集群，常 20 只数百只不等，结成一群外出觅食，有时甚至聚集 2 万或更多数量成群活动。虎皮鹦鹉在原生地可在多生态环境生存，比如灌木丛、森林、草原、农场田园等。虎皮鹦鹉也有类似于迁徙的行为，在澳大利亚，每年冬天占据北方，到了夏天又会聚集到南方。

野生的虎皮鹦鹉主要以植物种子等为食；繁殖期为 6 月～次年 1 月；营巢于树洞中，每窝产卵 4～8 枚，孵化期为 18 天。

虎皮鹦鹉是全世界最普遍的鹦鹉，价格比较便宜，顽皮并且可爱，受到大众的广泛喜爱。全世界的总数量超过 500 万只。它们经常是许多最初对鹦鹉产生兴趣的人买的第一只鹦鹉，也是最常出现在鸟展的种类，自从公元 1900 年澳洲生物学家葵格曼德对基因工程的重大发现与突破后，各种虎皮鹦鹉的变种也就进入了前所未有的多样性，现在共有上千种的变种，再加上它们非常容易照顾和繁殖，种类益加普遍。

◎一只鹦鹉的故事

我是来自丛林的一只城市里的鹦鹉，猎人的罗网把我带到了这里。我现在的家很豪华，有着漂亮的地毯、宽大的屏风、还有美丽的壁画。可是我最喜欢的还是窗户外面的那一小片竹林，那里最像是我的家。对着它，我的心里才能够得到平静，才能够找到回家的感觉。我简直不敢想象，没有它的日子我会不会疯掉。

很多年之前，在茂密的丛林深处，我的生活很快乐。虽然生活中充满了危机，甚至有可能被蛇吞吃，但我很"自由"。曾几何时，拥有自由的时候，我没有去好好珍惜，失去它的时候才追悔莫及。总而言之，值得追忆的失去永远是最美好的，然而，正在拥有的反而不去珍惜。仿佛是一个诅咒噩梦般缠绕着我的灵魂，也许，当你不能再拥有的时候，唯一可以做的，就是让自己努力忘记。

我只不过是想活得开心一些，这只是个最简单的要求。很小的时候，也许一条毛虫都能使我满足，可是，最大的悲哀就是为什么我会长大？或许，长大就意味着欲望，欲望却又代表了磨难的开始。不然，为什么我会来到这个人类的世界，还要夜以继日地忍受满是钢筋水泥森林的折磨？还依稀记得当初飞出山林时，无与伦比的兴奋瞬即被淹没在罗网中的一片灰暗，那是我今生难以承受的痛苦。

回忆是一件很痛苦的事情，假使当初就不曾拥有山林的快乐童年，再假使在我还没有睁开眼睛的时候，我就处身于城市。那么，今天我又何必如此自我折磨？我每天的生活很枯燥，主人就是我生命的一切。见到他要说"主人好"，走的时候还要道声"晚安"。每次看着他满脸的肥肉笑得打颤，我就觉得恶心。这种日子过久了，到了最后我都在想自己其实是非常的恶心，每天陪着这种人，不恶心也恶心了。在最初的时候，我觉得很好玩，看着自己居然能给他带来这么多的快乐，自己也就觉得其实这样也不错。往后来就越来越觉得不是那么回事，自己好像是个小丑，然而每天卖力的表演就只为了博取他几声可怜的笑。我们鹦鹉也是很高贵的，所以，那天见到主人，我没有像往常一样给主人问好，但结果却是在接下来的两天里，粒米未进。从此，我就学乖了。小丑就是小丑，永远都不能改变。

这只不过是命运跟我开的一个玩笑，悲惨的世界里，我拥有的只是不完美的人生。我想逃离这个令人窒息的世界，至少在今天看来，这个信念依然是支持我活下去的勇气。每个人都会坚持自己的信念，在别人看来，这只不过是浪费时间，而我自己却觉得很重要。我知道这样会很难，但是，我可以等，一天两天三天，一年两年三年……

我非常小心地应付着主人，看到主人总是欢天喜地的说吉利话，而且，我还会经常用自己的小嘴去亲吻主人的手背、脸庞。总之，我极尽讨好的做一些令他放松警惕的事，要的就是削弱主人的戒心。终于有一天，主人来到我的面前，松开我脚上的银链子，说我可以走了，因为他已经不能再照顾我，这些年来，是我一直陪伴着他，让他可以活的不算太不开心。我不解地望着眼前的这一切，不敢相信这会是真的，多年期盼的情景竟然会是这样一个局面！我没有动，只是随意的伸了一下多年被束缚的右脚，然后，我非常发自真心的感谢起主人，我对主人说："谢谢！"然后，我又亲吻主人的脸庞，我发誓这一次我是真心的，以前的全是假的。当我做完这些，准备离开的时候，我突然感觉到主人脸庞有一丝轻微的颤动，不祥的感觉开始弥漫，我觉得以主人这样的为人，他不会这么简单的让我离去，这背后一定有阴谋。忽然记起主人前几天说过的，有一个他最信任的人，在他最需要帮助的时候，背叛了他。这个时候，主人会不会也是在试探我呢？我觉得在没有弄清之前，还是先待在这里，如果主人让我走，迟早我还是会离开的。

静静的沉默，叫人无法忍受，我想打破这一切。我展开翅膀飞了起来，绕着屋子飞了几圈之后，落在了主人的肩上。主人似乎很吃惊眼前的这一切，定定地望着我，然后就哈哈大笑："好！好！想不到到最后居然是一只鸟没有背叛我。好！好！"

"你知道吗，如果你飞出去的话，也许这就是你最后一次还能飞。在这间屋子的窗户外，我早就布满了罗网，我恨别人的背叛，也恨自己的背叛。当我想做一个清官的时候，就不应该经受不住诱惑。当自己已经是一个贪官的时候，就不应该还想再变回清官，以至于到了现在，既背叛了自己，也被别人背叛。我是完了，但背叛我的人也别想舒服……"

我暗自庆幸躲过了这一劫，也深深为主人的残忍感到寒心。我不了解人类的世界，更不明白人心为什么会这样的复杂。我只知道，在我们鸟类的世界，没有背叛，没有复杂。我们或许会被其他动物吃掉，但这是我们的世界，只有弱肉强食，没有尔虞我诈。

自从那一次之后，主人就放松了对我的警惕。我可以在屋子里面飞来飞去，只是还不能出去。但是这些对我来说，已经很足够了，因为这已经离我的梦更近了一步。总有一天我会飞出这间屋子，而且我也相信，这一天不远了。

主人醉了，他走了进来，抚摸着我的羽毛，说陪我出去走走吧。街上的人群熙熙攘攘，太阳光很强烈，我有些不适应。站在主人的肩头，我看到很多的人向我望过来，主人似乎很喜欢这样的目光，挺着发福的肚子，步履蹒跚的在街上漫无目的地向前走。主人的酒气熏得我难以忍受，但是我仍然不能判断现在是否已经安全，主人的阴险早已让我不寒而栗。我静静地观察着周围的一切，终于确信现在就是离开的时刻。这时候主人走进了一片高楼的阴影深处，我瞅准时机，奋力振翅一飞，穿过阴影，穿过阳光，直到确信已经完全没有危险的时候才停了下来。

但是很快我就发现，这一切都只是徒劳。我战胜了人类，却始终战胜不了老天。当我怀着兴奋以及梦想飞向远方山林的时候，我却发现始终飞不出去的还是人类贪婪掠夺的本性，昔日的山林早已经变成一片一片的钢筋水泥森林。世界这么大，哪里还有我的容身之处呢？这是老天给我开的一个玩笑，飞出了牢笼，得到的还是牢笼……

我默默的站在一根生满铁锈的烟囱上，如一尊雕塑，睁大着眼睛，迷惑地看着这个世界，渐渐的，凝固在了岁月的无痕中……

◎花头鹦鹉

花头鹦鹉身长约为 30 厘米，身体为绿色，头部粉红色，到了头部后方、颈部都变为了蓝紫色。

花头鹦鹉公鸟头部的颜色较浅并且稍微有些暗，看起来有点像彩头鹦鹉的幼鸟，花头鹦鹉体型比彩头鹦鹉小，数量也少得多，这两种鹦鹉其实并不常见，花头鹦鹉比大绯胸鹦鹉小，全长

※ 花头鹦鹉

35 厘米左右。体羽主要为黄绿色，上体颜色比较深，翅为绿色。雌雄鸟头部颜色有别：雄鸟为玫瑰红，雌鸟为灰蓝色。花头鹦鹉的公鸟是十分迷人的鹦鹉。

花头鹦鹉尤其喜欢在森林和农耕区的边界活动。平时它们习惯成对，或是组成至多 15 只的小群体四处游牧，游牧的地点完全只是为了食物是否充足，而后就会决定是否在此处停息。花头鹦鹉主要以种子、水果、花朵、坚果、花粉、植物嫩芽和树叶嫩芽等为食，偶尔会前往农耕区觅食谷类作物。

花头鹦鹉主要栖息在林地、农地、丘陵、潮湿落叶性森林、热带草原林地、松树林等海拔 1500 米以下的地区，北部的族群则大部分栖息于海拔 500 米以下的地区，通常是结成小群活动，但也会大群聚集，尤其是食物充足时，常常与灰头鹦鹉、马拉巴鹦鹉一起寻找食物，有时会对农产品造成一定的损害。

筑巢在树洞内，在繁殖前数星期雄鸟会保护巢穴以防止一些竞争的对手——环颈鹦鹉的入侵。繁殖季通常在 12 月～次年 4 月间，在斯里兰卡有时在 7～8 月间，通常窝卵数为 4～5 枚；笼养的花头鹦鹉很安

翱翔在天空中的鸟类

静，适合居家饲养，刚饲养时比较害羞，破坏力不会太强，它们对于太过潮湿、寒冷的环境比较敏感，刚引进时在适应期间其温度不宜低于20℃，刚开始时对新食物适应情形较差，适应后宜提供各类蔬菜、水果、种子、谷物等食物。

▶ 知识链接

　　我国原产的鹦鹉只有 7 种，分别是大绯胸鹦鹉、绯胸鹦鹉、灰鹦鹉、花头鹦鹉、红领绿鹦鹉、长尾鹦鹉、短尾鹦鹉，全部为国家二级保护野生动物。

◎大绯胸鹦鹉

　　大绯胸鹦鹉是我国所有鹦鹉科鸟类中体型最大的一种，全长约 46 厘米。头部为亮紫蓝色且稍沾绿色，前额基部都有一道黑色狭纹，向两侧伸达眼先，背羽及翅表呈亮翠绿色；两翅覆羽渲染黄绿色；喉部两侧具宽阔的黑斑；胸和腹部呈灰紫红色，雄鸟浓艳，雌鸟浅淡；中央尾羽特别修长，羽片中央渲染亮蓝色。虹膜为淡灰黄色；雄鸟嘴为红色，下嘴为黑色；雌鸟上嘴为黑色，脚为灰绿色。

　　主要栖息于低地的各种不同的开阔林区、山麓丘陵约 2000 米的地区；也会前往红树林区、椰子树林区、农耕区、公园、花园和郊区等地。栖息地包括干燥的森林、潮湿的落叶性丛林、红树林、椰子与芒果园、农田、公园以及郊区等地。

　　大绯胸鹦鹉主要以种子、水果、浆果、小型坚果、栗子、植物嫩芽、花朵、花蜜等为食；偶尔它们会到农耕区寻找食源，造成相当程度的损害。筑巢在天然树洞或啄木鸟的旧巢穴中，窝卵数约为 2～4 颗；新进的鸟儿在初期比较敏感，但在适应环境后会十分健壮，有时会吵闹，饲养或繁殖它们时，除非有大的鸟舍，不然还是建议成对饲养。大绯胸鹦鹉大多都是上架饲养，性格温顺，市场上的成年鸟多为雌鸟，上嘴为黑色，然而雄鸟的上嘴则是红色的。饲养学舌鹦鹉还是以雄鸟为好，但是鹦鹉学舌其实与性别无关，主要是每只鸟的领悟力不同，雌鸟性格温顺，更容易与人亲近，因而比较容易驯养。

◎牡丹鹦鹉

　　野生的牡丹鹦鹉生活在热带丛林中，常常聚集成大群生活，一般在

翱翔在天空中的鸟类

树洞中营巢繁殖，以各种植物种子、水果和浆果为食。在南方，该鸟常集群危害农作物以及果园，遭到当地农民驱赶。由于这种鸟羽色艳丽，经常被人们捕捉饲养，导致野生数量越来越少。牡丹鹦鹉亦称"情侣"鹦鹉。

※ 牡丹鹦鹉

牡丹鹦鹉性情凶猛，常常以强欺弱，发情雌鸟更为突出，叫声大且嘈杂，有时噪声扰人，还可向其他鸟进攻，这时若将雌鸟与雄鸟配对繁育就会鸣声锐减，性情好转，因此饲养牡丹鹦鹉以成对为佳。

人工饲养环境中的牡丹鹦鹉，可喂以多种饲料，如饼干、面包、馒头、米饭、青菜、多种水果等。公园或动物园内大量饲养，可用虎皮鹦鹉混合粒料为主要饲料，同时还可以喂足量的青菜及水果，就可以顺利达到繁殖。

牡丹鹦鹉一年中除炎热的夏季外，其他季节都可以繁殖。一般雌鸟每窝产蛋6～8枚，孵化期约19天。孵化过程中，雄鸟坚守在巢外看护并饲喂雌鸟，而雌鸟除取食、饮水和排粪时会外出，回来后会始终坚持孵化。

◎灰鹦鹉

灰鹦鹉全身的羽毛是银灰色的，但是尾巴处的羽毛是鲜红色的，喙部为黑色。幼鸟的眼睛呈深黑色，随着年龄增长而渐转为黄色。从幼小饲养的灰鹦鹉非常容易亲近人，性格亦较温和，很惹人喜爱。

它们主要的栖息之地是低海拔地区或者是雨林地区，在觅食的时候会一小群一起行动。在野

※ 灰鹦鹉

外的饮食主要是以各类种子、坚果、水果及蔬菜等为主。有说话能力，天资聪颖，智商高，以擅长模仿人语而闻名。

主要分布在非洲中部及西部，西从几内亚比绍起，东到肯尼亚西部等。

饲养非洲灰鹦鹉除了供给均衡营养的食物外，钙质的补充尤其重要。鹦鹉是非常喜欢嫉妒的动物，所以千万不要长时间冷落它，在它们感到无聊、沮丧的时候，它们通常喜欢拔自己的羽毛，所以应给予大量玩具及足够陪伴它们的时间。

◎红领绿鹦鹉

红领绿鹦鹉又叫粉红领鹦鹉，在它的颈部两侧和耳羽的后面逐渐变为淡蓝色。嘴的基部有一个窄的黑线，沿眼先向后延伸至眼睛。喉部为黑色，并向后和颈的两侧延伸，与后颈向下的一个狭形玫瑰红色颈环在颈侧相连接，也是它独有的特征之一。总的来说它的上体是灰草绿色的，邻近玫瑰红色颈环处为蓝色，腰部和尾上覆羽尤其辉亮，尾羽逐渐加长，中央尾羽最长，颜色为

※ 红领绿鹦鹉

蓝绿色，基部比较绿，具窄的黄色尖端，外侧尾羽越向外绿色越浓。翅膀为绿色，翅上的小覆羽和中覆羽略沾蓝色，大覆羽及飞羽为暗绿色。下体比较淡，比背部有着更多的灰绿色，肛周、覆腿羽、翅下覆羽和腋羽为淡黄色。

红领绿鹦鹉的栖息地是非常广泛的，它们主要栖息于各种森林和各种形态的开阔乡村地区、刺丛平原区、干燥的森林地区、开阔的次要林区、草原等地区，在亚洲它们栖息在海拔 1000 多米以下的地区，在非洲则是在 2000 米以下，时常出现于农耕区、市郊区、公园、花园，甚至城市中的公共场所；有时候会前往果园和咖啡园觅食，但是在很多地区它们都被视为农业害鸟。

它的分布范围十分广阔，主要横跨亚非两大陆地。从非洲北部的潮湿森林往东一直分布到亚洲南部的国家。中国仅有广东亚种，分布于福建福州市、广东珠海、万山群岛和附近沿海、香港以及澳门一带。

◎长尾鹦鹉

长尾鹦鹉，是鹦鹉科中很受欢迎的一种笼中鸟。其种类有很多，原产于热带地区，目前已经遍布全世界。被笼养的长尾鹦鹉可以轻易模仿出人类说话并且能学习吹口哨。它们是种有趣的、讨人喜欢的宠物。大多数长尾鹦鹉体形小巧，羽毛色彩艳丽，且长着长而尖的尾巴。雄鸟和雌鸟还是有区别的：雄鸟的顶冠是绿色的，在头的两边是红色并且还有醒目的黑色颊纹，上背沾浅蓝色，尾尖端黄色，两翼淡蓝。而相对的雌鸟的色泽就比较暗淡，有偏绿

※ 长尾鹦鹉

色的髭须，背上无蓝色。飞行时翼衬为黄色，与绯胸鹦鹉的区别在于下体的绿色，头侧为红色。

长尾鹦鹉主要栖息在森林地区、红树林区、沼泽区、雨林边缘、次要林区、部分被开垦的地区、棕榈园区，偶尔也会飞往城市的郊区，在公园或者花园的高大树木上休息。它们主要是以水果、种子、花朵、植物嫩芽、树木嫩叶等为食。有时候会飞往油棕榈园觅食，造成农作物一定程度的损害。

主要分布于马来西亚南部、新加坡、苏门答腊、曼谷、中国四川等地区。

◎小鹦鹉的故事

有一只小鹦鹉，在飞回家的路上，看到一片青翠的森林，就飞进森林里玩耍。

森林里的动物们看到美丽的小鹦鹉，都跑来和它打招呼，跟它一起玩耍。比较大的动物不但不欺负它，还对它很热情，就像对待自己的兄弟姊妹一样。

小鹦鹉感觉到这个森林的动物非常友善，就开心地留了下来。住了一阵子，小鹦鹉就开始想念家人，它心想："这个森林虽然美好，终究不是我的家。"于是，小鹦鹉向森林中的动物道别，大家都对它依依不舍。

回到家的小鹦鹉，偶尔飞过森林，还是会停下来看望它从前的老朋友们。

有一天，这座森林发生了大火，熊熊的烈火包围了整片森林，鸟兽全部陷在里面，无法逃命。

小鹦鹉在远远的地方看见了，立刻飞到森林里救火，它飞到溪边把自己的羽毛沾湿，再飞到森林上空，把翅膀上的水洒到森林里。

就这样来来回回，小鹦鹉飞了几百趟，它的动作引起了天神的注意。

天神问它："喂！小鹦鹉，你为什么如此愚笨，这森林大火，焚烧何止千里！难道你想用翅膀里的几滴水把它浇灭吗？"

小鹦鹉一边流着眼泪，一边不断地向林中洒水，对天神说："我也知道非常困难，可是我从前住在这森林的时候，林中的百鸟动物们都非常仁义善良，对待我就像亲兄弟一样，如今它们在受苦，我怎么能坐视不理呢。我一定要把大火扑灭，即使拍断翅膀，也不会停止。"

天神听了非常感动，说："让我来帮你吧。"

于是，天神吹了一口气，化成一阵大雨，火很快就浇熄了。

每一次，当我想到这个寓言，那只小鹦鹉就像是一滴水，使我感到无比的清凉。在我们的人生，偶尔会遇到像森林大火那样巨大、恐怖、无能为力的灾难。

灾难来的时候，我们可以选择远离，或者旁观，或者像小鹦鹉一样拥有"入水濡羽，飞而洒之"的精神。那么，我们的世界将会更加美好！

拓展思考

1. 看了小鹦鹉的故事你有何感想？
2. 鹦鹉是益鸟还是害鸟？

燕窝的制造者—— 雨燕

Yan Wo De Zhi Zao Zhe —— Yu Yan

雨燕，在动物分类学上属于鸟纲雨燕目中的一个科。雨燕是飞翔速度最快的鸟类，常在空中捕食昆虫，翼长而腿脚弱小。由于雨燕依靠捕食飞虫为生，所以它们必须在气温能够保持足够数量的昆虫在空中飞行的地区过冬。于是，在温带的分布区天气转冷时，它们大部分种类就会纷纷向南撤退。

◎雨燕的主要特征

大部分雨燕的着色相当暗淡，一小部分种类的体羽在短期内呈现蓝色、绿色或紫色的彩色光泽。雨燕的翅膀上有 10 枚长的初级飞羽以及一组短的次级飞羽。狭长的镰刀形翅膀决定了它们的飞行模式，使它可以更加快速地扇翅飞行，而更重要的是让它们在滑翔时可以节省大量的能量。雨燕小巧的足力量非常惊人，它们锋利的爪能够很好地抓持在垂直面上。此外，雨燕血液中的血红蛋白含量比较高，使它们在含氧量低的情况下能够优化氧的输送。雨燕的喙很短，力量相对较弱，但它的嘴张的很大，使雨燕可以在飞行中轻松地捕捉飞虫。所有雨燕都只是以昆虫和蜘蛛为食，并主要在空中捕获。雨燕最主要的猎物是膜翅目的蜜蜂、黄蜂和蚂蚁、双翅目的苍蝇、半翅目的臭虫以及鞘翅目的甲虫。

雨燕的巢系由黏性的唾液黏合细枝、芽、苔藓以及羽毛而成。巢筑在洞壁上或烟囱的内壁、岩缝、空心树内。雨燕的寿命比较长，对繁殖地和配偶都很忠诚。由于即使在它们经常繁殖的地区，空中食物大量存在的时间也只有 12～14 周，所以雨燕的繁殖时间是非常迅速且短暂的。

目前雨燕面临着多种威胁。人类对栖息地的破坏导致其中一些种类觅食区域的缩小；因有利可图的燕窝交易而引发的过度收集使东南亚金丝燕的数量日益剧减；而许多地区杀虫剂的广泛使用直接减少了它们的猎物——昆虫的分布范围和数量。

如要采集燕窝需冒很大风险，必须爬上悬崖峭壁，从崖顶上放下绳子才能采集到。由于燕窝稀少难得，价值也就特别贵，所以被东方人视为珍品。

◎凤头雨燕

　　凤头雨燕大体上与其近亲雨燕相似，翅尖长、嘴宽而小。只是凤头雨燕额前部有直立的羽状冠，黑脸的边缘有长的白毛。它与密切亲缘关系的灰腰雨燕与凤头雨燕外形极其相似，两个种类的雌雄鸟头顶都有一个 3 厘米左右长的冠，栖息的时候通常成直立姿势。两者的差别主要体现在上体着黑色的程度和尾羽的长度方面。

※ 凤头雨燕

与灰腰雨燕不同的是，凤头雨燕的尾羽远远高过它们的镰状翅膀在收缩时翅尖所在的位置。

　　雄鸟上体为蓝灰色，并且有少许的绿色；头部具有羽冠；下体、颏部、喉部和两侧部都为栗色。胸部为灰蓝色，腹部为白色，尾下覆羽也为白色。雌鸟与雄鸟相似，但颏部和喉部的颜色并非为栗色。

　　凤头雨燕属于留鸟，它主要栖息于林缘、次生林、果园、公园等有树木的较为开阔的地区，经常会结成小群活动，频繁地在开阔地方和森林的上空成圈飞翔，有时也在河流等流域的上空盘旋。食物主要有蚊、蛾等各种飞行性的昆虫，并且也能在飞行的时候捕食，但它们在空中飞翔的时间明显会比其他雨燕少许多，捕食行为也与其他种类的雨燕不太相同。它并非在空中不停地飞翔觅食，而是经常停留在树冠的顶枝上，等到有昆虫或其他食物在附近空间出现时，就会再飞起来捕捉。由于它的身体较大，翅膀也较长，在空中总是像镰刀一样向两侧分开，就如同一架小型飞机，时而低空飞翔，时而腾空而起。晚上大部分结成群栖息在一起，有时候也会单个分别栖息。

　　凤头雨燕的繁殖期为 3～6 月，营巢于岩石洞穴和树洞中。巢由苔藓构成，并用涎液将其紧紧地粘结在一起。每窝产卵 3 枚。它的巢非常细小且精巧，直径一般仅有 4 厘米左右，形状为杯状或袋状。主要由碎树皮、细小羽毛和涎液等胶结而成，结构十分的紧密和结实，并且牢牢地固定在树枝上。巢的颜色一般为黑色，带有少许灰色以及污白色斑点，外表和树枝颜色也十分的相似，从下面看好像树枝上突出的小包。每窝仅产1枚卵，颜色为淡灰色或灰白色，有时还会沾有蓝色，形状为长卵圆形。它的雏鸟为晚成性，需要亲鸟的精心饲喂才能长大。

◎金丝燕

金丝燕是一种体型轻捷的小鸟，分布于印度、东南亚、马来群岛，筑巢常常结成群，属群栖生活。燕窝，就是金丝燕用唾液黏结羽毛等物质为自己以及它的幼雏而搭建的巢穴。大都分布在印度、东南亚、马来群岛等地区。

※ 金丝燕

金丝燕一般都是轻捷的小鸟，其体型比家燕小，体质也较轻。雌雄相似。嘴细弱，向下弯曲；翅膀尖且长；脚短而细弱，4趾都朝向前方，不适于步行和握枝，只能助于攀附在岩石的垂直面。羽色上体为褐色至黑色，带金丝光泽，下体为灰白或纯白。

生产燕窝的金丝燕大都分布在印度、东南亚、马来群岛等地，产于马来西亚沙捞越的方尾金丝燕，仅在尼亚海滨的一个大崖洞里就有200万只以上，可算是金丝燕数量最大的集居点。中国西部、西南部以及西藏自治区东南部都产有短嘴金丝燕，但它们不出产可供食用的燕窝。海南省的大洲岛上爪哇金丝燕可生产食用燕窝，但是其数量有限。

金丝燕觅食通常是在飞行中进行的，而且只会吃一些会飞的昆虫或小生物，喝水除了喝雨水外，也会低飞将嘴巴贴在水池的水面上，边飞边喝水。它们能在全黑的洞穴中任意地疾飞。巢为小托座状，有时有一点蕨类和树皮，可能黏附在树上或者峭壁上，但通常建在山洞或海岸洞穴中。

| 拓展思考 |

1. 雨燕的燕窝有哪些作用？
2. 雨燕逐渐濒危的原因有哪些？
3. 它与家燕有哪些区别？

保护我们的"朋友"

Bao Hu Wo Men De "Peng You"

鸟类是大自然的重要组成部分，保护鸟类对维持自然生态平衡、对科研、文化、经济等都具有特殊的意义。所以，保护以及合理利用野生鸟类资源，在国际上已成为衡量一个国家以及地区的自然环境、科学文化和社会文明的标志之一。

◎鸟类重要性

我国现有鸟类 1100 多种，约占世界鸟类的 13％以上，是世界上拥有鸟类种数最多的国家。鸟类对我们人类有着很大的帮助与价值。

大雁羽毛丰厚，善于飞翔，肌肉很发达，雁肉含有人体所需的钙、铁、蛋白质等多种微量元素，并且雁肉还可以入药，是很好的保健品。我国古代医学记载，雁肉性味甘平，归经入肺、肾、肝，祛风寒、壮盘骨、益阳气、暖水脏；雁脂肪活血祛风，清热解毒；羽绒保暖性好，可做冬季服装、被褥等填充材料。

千百年来，无论是绘画、雕塑、工艺，还是小说、诗歌和传奇，许多文人雅士总是把鹤比作吉祥、长寿、忠诚、高雅和健美的象征。鹤类本身所具有生态价值、文化价值和科学价值，是其他可爱的动物所不能比拟的。

鹰常常被当作勇敢、顽强、不畏怕任何艰难险阻的象征。鹰类是消灭兔、鼠等

※ 漂亮的小鸟

对人们农产品有害动物的猛将，鹰类不仅消灭了有害动物，也对生态平衡起到了一定的作用。

大家都知道杜鹃吧？它有着"春的使者"的美称。并且对农业生产益处很大，一只杜鹃一年能吃掉松毛虫5万多条；猫头鹰被称为"捕鼠能手"，它在一个夏季可捕食1000只田鼠，从鼠口夺回粮食1吨；啄木鸟被人们称为"森林的大夫"，一对啄木鸟可保护500亩林木不受虫害；虽然有些鸟类不吃害虫，但是也有一定的存在价值。总之，生活中的益鸟、害鸟都是生物链中不可缺少的物种，益鸟的存在对我们人类有直接的好处，有些非益鸟对整个食物链的平衡也有着巩固因素。因此，总的来说，鸟类没有好坏之分，最重要的是我们要加强保护鸟类的责任心。

知识链接

目前，我们应该做的是加强保护环境意识，积极参与绿化、恢复自然生态环境的活动，不捕捉野鸟，不食用包括野鸟在内的国家保护的野生动物。自觉遵守国家有关保护环境、水资源、森林、野生动物的各种法律和规章制度。自觉保护自然环境、爱护包括鸟类在内的一切生命，是高度文明的表现，让我们从自我做起，共创人类的文明。

◎鸟类减少的原因以及后果

由于环境的污染，加上乱捕滥猎等原因，鸟类资源遭到破坏，种类、数量越来越少。据统计，已有90种鸟从地球上消失了。

鸟类主要减少的原因有：人类对其环境植物的破坏，在开荒山、砍伐树木的时候，也是在破坏鸟儿们的家园；还有人为捕杀鸟类、掏鸟窝等行为却只是为了个人利益，使鸟类越来越少，濒临着灭绝的危险。另外，农民利益受到鸟的侵害时也大量捕杀；又因农药的使用，鸟类误食被毒害等。此外，还有笼养买卖等也是造成鸟类日益减少的主要原因。

鸟类是大自然的重要成员，人类的朋友。如果鸟类在地球上绝迹，不但大自然要失去莺歌燕舞的生气，更重要的是生态失去了平衡，人类将会遭灾。鸟类灭绝后，昆虫、小兽就会大量繁殖，森林、草原就会被一食而空，地球上的动物以及我们人类就会失去资源、失去食物。

鸟类像我们人类一样也是需要自由的，无边的大地、广阔的蓝天才

翱翔在天空中的鸟类

是它们的家!

◎一个真实的故事

1964 年 10 月,徐秀娟生于黑龙江齐齐哈尔市扎龙屯的一个养鹤世家。她爸爸是扎龙保护区一位鹤类保护工程师,妈妈也曾在扎龙保护区养鹤 10 年。徐秀娟小时候就会经常帮着父母喂小鹤,潜移默化地也爱上了丹顶鹤。

1981 年,因当地中学高中停办,17 岁的徐秀娟到扎龙自然保护区和爸爸一起饲养鹤类,成为我国第一位养鹤姑娘。她很快就掌握了丹顶鹤、白枕鹤、衰羽鹤等珍禽饲养、放牧、繁殖、孵化、育雏的全套技术,她饲养的幼鹤成活率达到了 100%。她的出色工作得到国际鹤类基金会主席阿奇博尔德博士的称赞。

1985 年 3 月,徐秀娟自费到东北林业大学野生动物系进修。尽管学校考虑到她的实际困难,为她减免了一半学费,她仍然吃不起一天 6 角钱的伙食,一直靠馒头夹着咸菜维持每天的紧张学习。第二学期,因交不出学费,生活又难以为继,她曾背着老师和同学,数次献血换来一些钱来维持学业。后来,她又决定把两年的学业压缩在一年半内完成。经过艰苦的努力,最后考试 11 门功课中 10 门功课成绩为"优"或在 85 五分以上。这期间,她还自学了英语。她靠献血换钱的事,是她去世后,人们在她用英语写下的几页日记里发现的。

1986 年,徐秀娟远赴丹顶鹤的迁徙越冬地、正在筹建中的江苏省盐城自然保护区,啥也没带,就带着 3 枚鹤蛋上路了。这是秀娟带给盐城保护区的一份礼物,3 枚鹤蛋对她来说是 3 只未来的小鹤。迢迢几千里路程,徐秀娟用一个人造革包、一个暖水袋、半斤脱脂棉、一个体温计来照料着那 3 枚鹤蛋。蛋装在人造革包里,温度、湿度只要稍有变化,小鹤就孵出不来了。如果火车上断了开水,她就得把鹤蛋贴肉揣在怀里,因为人的体温正好是 37℃ 左右。就这样一路火车一路汽车,小雏鹤最后破壳而出。那 3 只小鹤分别被秀娟叫做龙龙、丹丹和莎莎。

没有人知道,对那 3 枚鹤卵,秀娟付出了怎样的关爱。但是人们知道,在美国进口的最先进的孵化器里,也死过小鹤。

经过 83 天日日夜夜的细心照料,3 只小鹤终于展翅飞向了蓝天。

徐秀娟深深地爱着这些生灵,鹤已经成了她生命中不可分割的一部分。

1987 年 6 月，徐秀娟从家里赶往盐城，与她同行的还有从内蒙古带来的 2 只天鹅。她叫它们黎明和牧仁。一下火车，迎接她的却是丹丹的死讯。这是她最心疼的一只鹤。丹丹一只腿有毛病，走起路来就像在跳一样。秀娟带它到野外捉虫子时，它对秀娟特别亲近。

没有人知道在那种情况下，秀娟流了多少泪。

因为黎明生病，秀娟在宿舍里养护了它 8 天，黎明康复了，她却病倒了。病还没好，她又经历了一次打击。她万没想到，龙龙会在打针时吐血而亡。

秀娟嚎啕大哭，她在日记里说：从没在人面前这样哭过，丹丹去了，龙龙也去了，可怜的莎莎吓得转身就逃，我难以平静。

黎明身体康复后，和牧仁在复堆河里洗澡嬉戏，因玩得过于高兴，2 只天鹅忘了回家。秀娟找了它们两天两夜。9 月 16 日，人们在

※ 美丽的小鸟

复堆河里发现了秀娟。她的身体蜷缩着，仿佛还在为丢失天鹅而内疚，为丹丹、龙龙的死而自责。

9 月 18 日，白天鹅黎明和牧仁飞了回来，可它们再也见不到曾挽救过它们生命的秀娟姐姐了。它们看见 1000 多人聚在一起举行了一个仪式。那天，天空中还出现了日全食。

如果我们每个人都这样爱护鸟类，那么，很多鸟类也不会从此绝迹。保护鸟类要从我们每个人的自身做起。

◎关于保护秋沙鸭的故事

这个故事是讲一个人的，他叫疤子。

疤子是芦溪河野生动物保护队的队长。他的旗下有两员猛将：狗儿

和大宝。

疤子40岁左右，长得腰圆体壮，黑黝黝的脸庞上从小就留下一道明显的伤疤，村里人多数不喊他的大名，直接叫他疤子。名字是叫顺当了，可是疤子的事情却没那么顺当。你看，他去打工没人敢要，人家一看他那脸上的疤痕心里就发毛，土匪气十足啊！他原本是在芦溪河打渔的，只要他一撒网，不是捕到死鱼就是捞到烂虾，命里不带财呀！但是，疤子有一身的蛮力，百十斤的石头轻而易举地就能扛在肩膀上，因此，村里人盖房上梁什么的少不了要他帮忙。疤子也非常乐意，大家常常可以看到疤子的脸上放着红光，那脸上更吸引人的当然是疤痕了。大人们叫他疤子没事，小孩子叫他疤子也无碍，疤子就是这么随和善良。反正村里人有事没事都会喊：叫疤子来！

只要疤子来了，大家心里就踏实了。

本来去年村里选举，大家要他当村长的，就是因为疤子犯了点事，让镇长给硬生生地拿了下来。咳，其实这个事也没什么，说出来倒是让疤子挺不好意思的。

那天晚上，村里来了一个偷鸡贼，被乡亲们抓到了。当时，疤子正和狗儿、大宝一帮人喝酒。疤子自己浸泡的杨梅酒。正喝到兴头上，听说抓到了贼，大家非常气愤。狗儿说："他妈的，我们村的鸡年年都是帮别人养的，早不偷晚不偷，偏偏到下蛋的时候这该死的毛贼就来了，真会挑日子啊。你说气不气人？"大宝也是摩拳擦掌，青筋直暴。大家你一言我一语，越说越气愤，就有人冲上前去用鞋底抽打小偷。疤子这时也来了气，顺手就是一拳朝小偷脸上打去。小偷痛得"哇"的一声喊，殷殷的血从鼻孔里流了出来。

你看你看，就为这事，疤子的村长没有当上，镇长说他缺乏法制观念。抓了小偷该送派出所啊，擅用暴力是违法的。疤子过了几天才想通了这个道理。

又过了几天，镇长亲自找到疤子说："疤子啊，以前的事过去就过去了，现在给你一个好差事干不干？"疤子说："什么好差事啊？"镇长说："当然是好差事！"于是，镇长拍着疤子的肩膀说："嗯，是这样的，经过镇党委研究，为了保护芦溪河丰富的自然遗产，决定在芦溪村成立芦溪河野生动物保护队，保护芦溪河一带的野生动物。"

疤子知道，芦溪河里的野生动物可多了，像娃娃鱼啊，还有中华秋沙鸭啊等等，都是国家一级保护动物。这些，疤子都看到过。镇长还特意交代疤子，第一，人员由你组织；第二，加强管理，严惩不贷，但是，要注意不要超出法律范围；第三，经费由镇政府出。疤子高兴得直点头，心里美滋滋的。

芦溪河野生动物保护队的牌子就挂在疤子的家门口，这使疤子更加风光了。哇，怪事啊，村子里现在没有人喊他疤子了，大家齐刷刷、恭敬敬地叫他"队长"！疤子的工作当然也开展得非常出色，他上任以来还没有发生过一起偷猎野生动物的事件，为此，镇长还请了他喝酒呢！去年入冬以来，疤子和他的野生动物保护队就忙得不可开交。因为什么？因为芦溪河发现了大批的中华秋沙鸭族群！省里的专家来了，北京的专家来了，甚至外国的专家都来了。

众所周知，中华秋沙鸭是第三纪冰川期后残存下来的物种，距今已有1000多万年，是我国特产的稀有鸟类，属国家一级重点保护动物。它分布的区域十分狭窄，数量也是非常稀少，全球目前分布的数量不足1000只，其价值与金丝猴、大熊猫、华南虎齐名。

为了不惊扰中华秋沙鸭在芦溪河的栖息、越冬，疤子几乎是天天守在河边，他都把烟停了、酒戒了。老婆还调侃道："干脆把饭也省了吧。"疤子嘿嘿地讪笑："饭可以省，唯独老婆不能省啊！"他还厉声厉色地对乡亲们说："大家可听好了，有事没事不要到芦溪河边去转悠，让我逮到了，别说我疤子执法不客气！"疤子的话真管用，哪家的小孩不听话，只要吓唬一下：疤子来了！立马风平浪静。

那天傍晚，狗儿的一句话让疤子浑身出冷汗。狗儿说，他看见有两个人在黄昏的雨幕中钻进了密密的芦苇丛，八成是打中华秋沙鸭的主意。疤子急问："这两人你认识吗？"狗儿说："不认识，好像是外地人，他们还带着家伙呢。""什么家伙？""啊啊，像是火铳吧。"疤子一听就火了，他暗暗地骂道："好大胆的啊，敢在我疤子的法眼底下动土，真是活腻了！走，快叫上大宝。"

此时，黄昏中的芦溪河烟水氤氲，雨后歇停的芦苇上还挂着滴滴水珠，四野一片寂静，偶尔阵风吹过，扬起那些歇息在河边礁石上的中华秋沙鸭五颜六色的羽毛，仿佛孔雀亮翅一般美丽。疤子无心欣赏这些，他猫着腰，一个人匍匐一般深一脚浅一脚地前进在密密的芦苇丛中。这时候，疤子手中的望远镜也就没有任何意义了，他瞪着鹰鹫一样的眼睛四下搜索。狗儿、大宝在也在他的部署下，蹲在远远的路口处准备收口袋。疤子心想，我这是赶鸭子战术，只要我发现了你，任何一个方向都跑不了。

"哗哗哗"一群中华秋沙鸭还在水边欢快地嬉戏，它们完全没有意识到有人正在悄悄地接近。

疤子这时停下了脚步，因为他发现了情况。就在他的左前方 50 米处，一个穿着雨衣的人蹲在那儿，还有一个长长的管子伸向前方，啊，好像是火铳！疤子屏住呼吸，握紧了手中的电棒。他悄无声息地慢慢靠近，雨衣人还是浑然不知晓。"真是胆大妄为！"疤子暗暗骂道："都到了这个时候，还不逃命，你真以为你是天皇老子啊？我手中的电棒可不是吃素的！"

就在疤子摸到雨衣人身后的刹那，忽然附近传来一声闷闷的声音："站住！口令！"疤子立即就想，呵？我还没有先你问你的口令，你倒审问起我来了？这不是贼喊捉贼吗？疤子举起电棍，对着雨衣人高声喊道："不许动，我现在问你口令？"疤子的这一声厉喝一点作用也没有，那雨衣人没有丝毫理会他的意思，依然稳当当地蹲在那里。疤子火了，举起电棍就要砍下去，突然他被一个人从身后紧紧抱住。待他回头看时，立即惊呆了。你说这人是谁？他竟然是镇长！就在疤子丈二和尚摸不到头脑的时候，镇长说话了："疤子，好你个小子，你差一点又要犯事了。"镇长指着面前的东西说："你知道这是什么？这是三万块钱啊！"

疤子简直像个木头人似的，一句话也说不出来。他还在闷葫芦里漂着，头脑一片空白，怎么也想不出今天到底发生了什么事。镇长笑了，在镇长的笑声中，又走出一个人。这个人疤子不认识。他是一位长者，年过花甲，但身子板却非常硬朗。长者伸出有力的大手，拍拍疤子的肩膀说："好样的！我知道你，你叫疤子，是不是？"

疤子更加愕然，他怔怔地看着面前的人。

镇长这时语带抱歉地说："疤子啊，今天的事还是怪我没有事先通知你。向你介绍一下吧，这是已经退休的老市长！他是我市野生动物保护协会的名誉会长。我们今天来，一是考察中华秋沙鸭，二是检测你们的执法工作状况。看来，你们的工作做得很好啊！"

疤子虽然在恭恭敬敬地听着，但是他还在想那神秘的雨衣人的事。

镇长知道疤子心里有蹊跷，走上前去掀开雨衣，收起那像火铳似的东西。啊，原来是一架长长的大倍焦的照相机！镇长举起照相机，揶揄地对着疤子笑道："口令？"

疤子也一本正经地回答：秋沙鸭！哈哈哈，疤子、镇长还有老市长

的笑声远远地飘出芦苇丛。听到笑声的狗儿和大宝，就在路口扯着嗓子喊："疤子！抓到毛贼没有？"

疤子回应道："抓到了！抓到了！你们赶快回家打一条狗，再舀几斤杨梅酒，我们兄弟好好地学学法。"

◎如何保护人类的"朋友"

爱鸟是一种美德，在英国伦敦，无论大人、小孩不但不捕捉鸟类，而且热情款待鸟儿们；在尼泊尔加德满都，乌鸦漫步街头的时候，车辆也要闪避；在鸟的王国——斯里兰卡的首都科伦坡，街道两旁树上鸟窝累累，鸟时常从居民窗户飞进飞出。世界上已有20多个国家选定了国鸟，有的国家如日本还规定了鸟节。

冬季的时候会有人工野外投放饲料、植树造林、创造鸟类栖息环境、提倡精神文明、弘扬民族鸟文化、保持生态平衡，发展笼养鸟繁殖业，爱鸟、护鸟使大自然充满生机。人们之所以爱鸟，不仅仅是因为鸟能给自然界带来无限生机，给人类生活增添无穷乐趣，还因为绝大多数的鸟是益鸟，并且有些鸟类对维护生态平衡非常有利。

假如没有了鸟类，人类将听不到来自大自然的声音，整个森林、田野、都将成为害虫的天地，如果农田成为害虫的天地，农作物就将成为害虫的食物，没有了粮食，人类岂不是要闹饥荒？一年接一年，那么我们人类还如何生存下去？保护鸟类就是保护人类自己。所以，不管站在什么样的角度，鸟是害虫的天敌、也是人类的朋友，让我们一起保护鸟类！

拓展思考

1. 假如你看到有人猎杀小鸟做野味，你该怎么做？
2. 目前鸟类减少或绝迹的原因有哪些？